兔子的真心話

從情緒判讀、舉止反應、飼養照護到習慣養成，
收錄兔子想對你說的 126 則養兔必備專門情報，
與愛兔幸福共度每一天

喧鬧
喧鬧
前陣子我好不容易吃到天然芒果乾，好好吃喔～♡
會胖喔～
最近主人很常幫我梳毛……我不喜歡被抱，所以覺得不舒服。
因為掉毛的緣故啊～
春天的野草也很美味呢。
如果主人可以聽懂我們說的話，你想對他說什麼呢？

當然是告訴他我最喜歡你了~♡
丸太脾氣眞好。
我當然是要抱怨一番。
哼！
是嗎？
誰叫他常常做出很離譜的事情！我之前向他明確表達「我不要」，卻還是嘻皮笑臉的，讓人看得好生氣。
咦？耍傲嬌？
噗！
真糟糕啊～
飄～

就讓我來實現你們的願望吧！
咦？什麼？
發生什麼事？
嚇我一跳。
嗯？總覺得有聲音在腦海中……
欸？

驚！
難不成主人現在聽得到我們的聲音了……!?
主人，聽我說！我有很多話想要告訴你!!

角色介紹

隨著兔神降臨在煩惱不已(?)的三人四兔身邊，本書劇情也就此展開。

你們想聆聽
兔子的心聲吧？

兔神

如字面所述，為「兔子的神明」。為了讓世界上的兔子和兔迷獲得幸福而巡視人間。

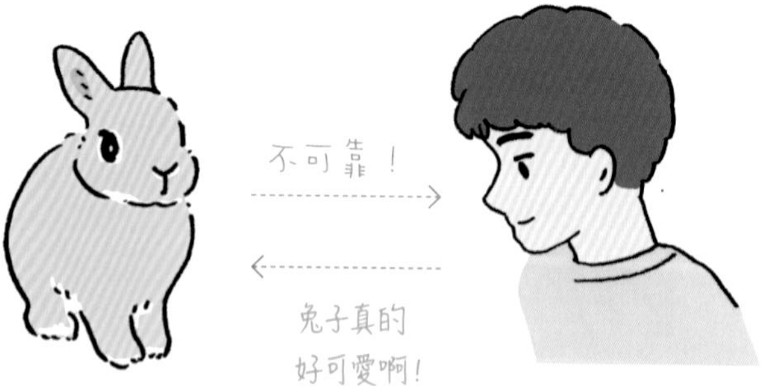
不可靠！
兔子真的
好可愛啊！

兔兔子

荷蘭侏儒兔，是一名個性強勢的女孩子。因為無法將自己的心意傳達給飼主而感到焦慮不安。

初心者先生

養兔新手。親眼目睹著兔子的可愛模樣與堅強性格，過著驚嘆連連的每一天。

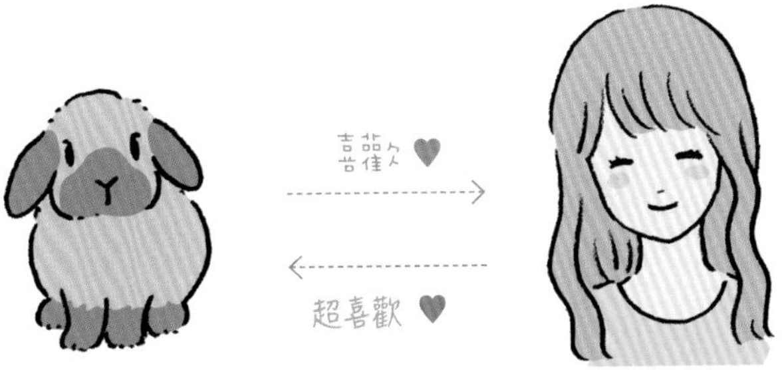

丸太

荷蘭垂耳兔，是個男孩子。超喜歡飼主寵愛小姐 ♡ 在心中暗自決定萬一遇到緊急事態時，將會以一家之主的姿態挺身保護這個家。

寵愛小姐

養兔經驗約兩年。覺得丸太可愛至極，每天全心全意地寵愛著牠。

可靠小姐

養兔老手。幾乎沒讀過養兔書籍，不過由於性格成熟穩重，深受兔子們的信賴。

約翰

侏儒海棠兔，愛裝腔作勢耍帥的男孩子。但是在飼主可靠小姐和毛茸茸面前，總是抬不起頭來。

毛茸茸

澤西長毛兔，喜愛打扮的女孩子。很喜歡約翰幫忙理毛 ♡

PART. 1 希望你能明白我的「心情」！

PART. 2

希望你能看懂我的「行為」！

PART. 3

關於「飼養兔子」的各種煩惱

PART. 4

請不要批評兔子的舉動是「問題行為」！

PART. 5

希望兔子可以「活得長久」

RABBIT INFORMATION

PART. 1

希望你能明白
我的「心情」！

驚~~~~訝
你聽好了！初學者先生！
你常說搞不清楚我在想什麼，但我可是拼命地向你傳達我想說的話喔！而你卻老是在發呆，太失禮了吧!?
咦~？可是，兔兔子的表情看起來都一樣……
生氣
生氣

不對、不對，
初學者先生！
現在兔兔子就露出
生氣的表情喔！
生氣
生氣

不要只會說「不懂」，
請你努力嘗試
讀懂我的心情吧～～！

理解兔子也是有感情的

兔子的話 001

我們是動物，有感情也是理所當然的吧!?

如果想要和兔子心意相通，請務必將「兔子和人類一樣都是有感情的動物」這句話謹記在心吧。兔子不僅擁有「高興」、「喜歡」等正面情緒，也會產生「討厭」、「不要靠近我」等負面情緒。

另外，兔子也是屬於情感表現豐富的動物。不同於倚靠語言和表情傳達情感的人類，兔子主要藉由行為或姿勢等肢體語言來展現情感。

當我們透過比手畫腳和外國人溝通成功時，往往會感到十分高興吧。同樣道理，兔子也會較為信賴能夠理解自己心努力地想要傳達自己的心聲，飼主卻一直無法理解的話，我們會感到很傷心呢。明明都說了「很可怕」，卻沒有挺身保護我們，我們會感到失望的。

明明已經傳達了心聲，飼主卻還是不理解的時候，有些兔子會覺得「算了……」，並且放棄溝通喔。

相反的，如果飼主可以明白兔子的心意，兔子便會覺得「我還想告訴你更多事！」，然後越來越喜歡飼主喔♪～

聲的人類，並覺得倍感親切。

深受兔子喜愛的人的條件

可以理解兔子的心意

面對「懂得自己心意」的人類，兔子會積極地與對方溝通。

穩重可靠

除了察覺兔子心意外，願意聆聽請求並且保護兔子的人，也能深得兔子的信任。

表達方式簡單明瞭

兔子喜歡方便溝通，亦即「善於表達自身情感」的人。記得多多利用聲音高低與明顯的反應來表達自己的情緒吧。例如高興時以嘹亮聲音大笑；生氣時以低沉聲線斥責等等。

適時地給予自由和空間

理解兔子的心情，保持適當距離。如果人類只顧慮到自己，過度親近兔子，兔子很可能會感到厭煩喔。

兔子看起來面無表情，根本無法讀取牠的心思啊！

兔子看起來面無表情……事實上並非如此！只要觀察眼睛、耳朵和鼻子等部位，就能清楚地察覺兔子的情緒。若是身為飼主，更需要學會看懂「兔子是不是在緊張」或是「是否處於放鬆狀態」。

兔子在自然界處於食物鏈底層，因此隨時會將五官的感知能力發揮到極致，以便時時掌握周圍狀態。因此當兔子感到緊張時，為了收集大量情報，便會頻繁轉動眼睛、耳朵和抽動鼻子。相反的，感到放鬆時，眼睛、耳朵和鼻子的擺動速度就會變慢。

常常有人會說「兔子面無表情」……但你們真的有認真觀察我們的表情嗎？

真的~不過，據說也有很多人和兔子一起生活之後，才驚訝地發現「原來兔子的表情如此豐富」~！

他們常常因此而重新愛上兔子呢♡總之，只要和兔子一起生活過，就不會再說出「兔子面無表情」這種話了！

而且屆時人類很可能會取笑我們「感情表現好直率」，我們就是表情如此豐富的動物喔！

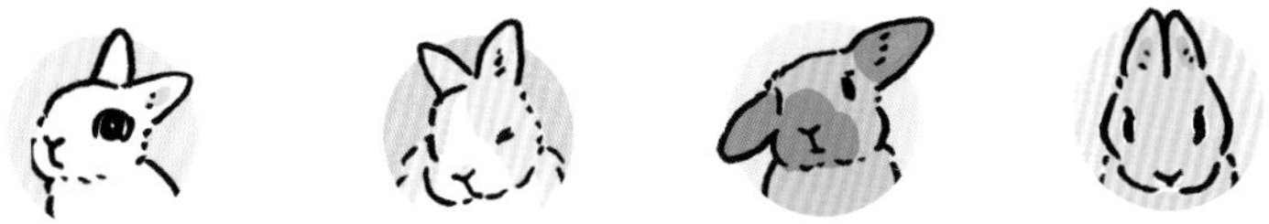

觀察重點是眼、耳、鼻！

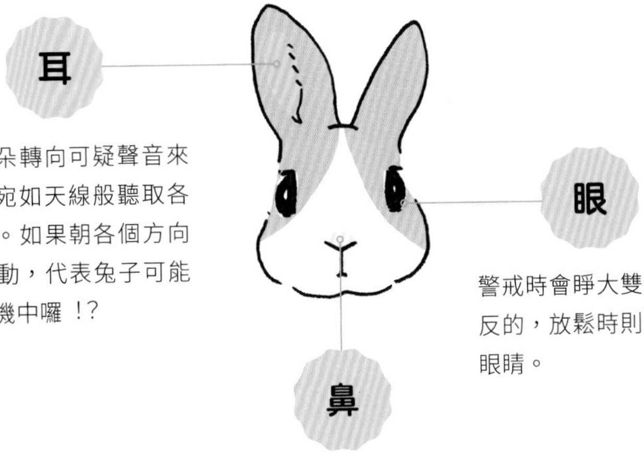

耳：會將耳朵轉向可疑聲音來源處，宛如天線般聽取各種聲音。如果朝各個方向快速轉動，代表兔子可能陷入危機中囉 !?

眼：警戒時會睜大雙眼；相反的，放鬆時則會瞇起眼睛。

鼻：兔子平常會快速地抽動鼻子嗅聞味道。當抽動鼻子的速度變慢時，就代表牠們正處於放鬆狀態。

目不轉睛地一直看著我♡ 牠一定是很喜歡我吧！

當兔子覺得高興或喜悅時，眼神自然而然地會變得炯炯有神。當牠們緊盯著飼主看時，通常都是想要表達「我想吃零食！」等要求，並且注視著飼主的一舉一動，確保自己不會錯過飼主給予的東西。無論是哪種情況，毫無疑問地，此時牠們必定是滿懷期待，眼神閃閃發光。

不過，有時他們也會因警戒而凝視飼主。在這種情況下，兔子的眼神會變得較為銳利，耳朵和姿勢也會流露出警戒的氣息。

兔子的話 003

請不要誤會！「目不轉睛地看」不一定代表「我喜歡你」！

不過我最喜歡主人了，所以常常會不自覺地盯著她看～♡

我有時會充滿戒心地看著主人，擔心她要剪我的指甲。

翻白眼了!? 你一定在害怕吧。對不起！

兔子的話 004

身為飼主，就該冷靜以對！

人類在感到驚訝或是恐懼時，會睜大眼睛並露出眼白。兔子也是如此。當牠們察覺到危險時，便會不自覺地翻白眼。此時，如果飼主慌張地頻頻道歉，兔子反而會陷入更加慌亂的狀態，因此請飼主先冷靜下來，以溫柔的語調對牠們說話吧。

不過，兔子有的時候也會因為過於興奮而翻白眼。例如，吃零食或嗅聞異性體味的時候。此時，身體也會呈現前傾的姿勢。

眞是的。只是因為吃香蕉時不小心露出眼白，主人居然問我「在害怕嗎!?」……

飼主此時更要小心謹慎，不該造成兔子更多壓力～

希望你們可以仔細觀察當時的狀況、表情、姿勢等等，綜合評估我們的心情。

怎麼會瞇著眼睛，是光線太刺眼嗎？還是眼睛不舒服!?

每次被主人撫摸的時候，我就會舒服到瞇起眼睛喔~♡我最喜歡主人的摸摸了！

約翰幫我理毛時，我也會忍不住瞇起眼睛喔♪

當兔子處於放鬆狀態時，會把眼睛瞇成一條細縫。尤其是被撫摸到心情愉悅或是舒服地趴在房間打瞌睡之際，都能看見牠們露出這種表情。有時候甚至還會直接睡著……。這時候，請飼主務必一同享受悠閒時光。

不過，兔子也有可能是因為不舒服才瞇起眼睛。健康的家兔，眼睛看起來明亮有神。因此，如果兔子瞇起眼睛，待在原地靜止不動，食慾下降，就要留意健康狀態是否出現問題了。

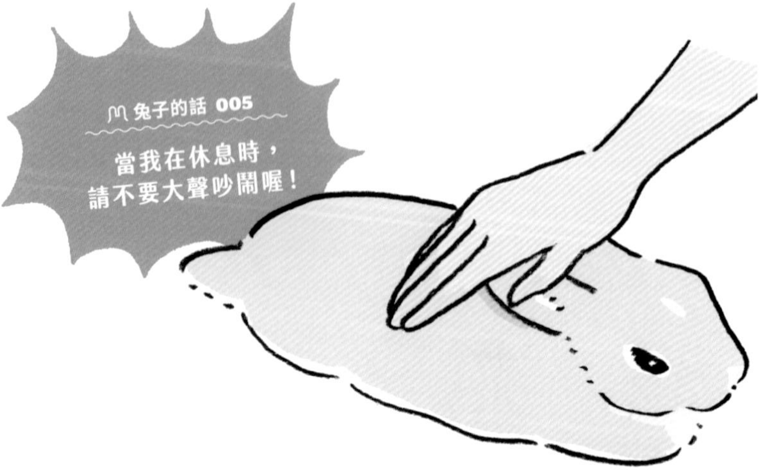
兔子的話 005
當我在休息時，請不要大聲吵鬧喔！

兔子的視覺

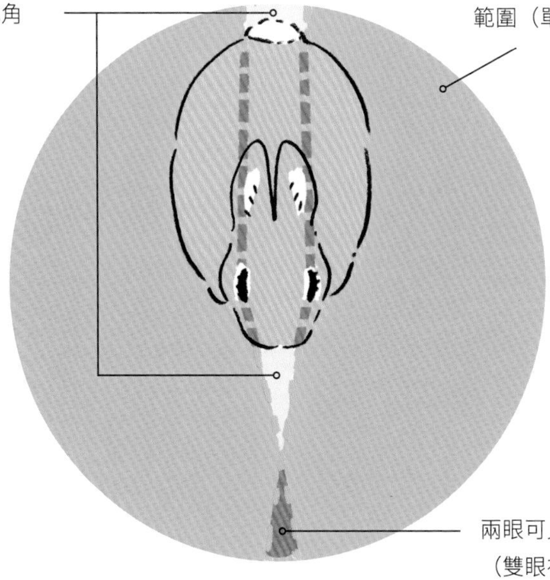
單眼可見的
範圍（單眼視野）
死角
兩眼可見的範圍
（雙眼視野）

擁有廣大的190度單眼視野

兔子的眼睛位於臉部左右兩側，並且微微凸出於臉部表面，其單眼擁有 190 度廣闊視野。當兔子面向正前方時，可見範圍幾乎可以覆蓋正後方。另外，據說兔子對於光線的感知能力是人類的八倍，即使在光線昏暗的情況下，也能看見周遭事物。

但是兔子的視力並不好，即使在光線充足的場所，看清楚東西的能力依舊不如人類。再者，嘴部正前方以及頭部正後方區域則會成為視線的盲點。這就是為什麼兔子有時會沒注意到眼前食物而四處嗅探的原因。

比起視覺，兔子更習慣利用嗅覺或聽覺來探索周圍環境～

長長的耳朵伏貼於頭上是處於警戒狀態，還是覺得放鬆呢？

我是垂耳兔，無法像立耳兔一般靈活轉動耳朵。

因此，我們比較常藉由眼睛或行為舉止來表達情緒。而且，耳朵朝向後方是代表心情好的意思喔？

原則上，兔耳的主要功用是用來收集情報，因此大多呈現高高豎直的狀態。所以當兔子放鬆全身力氣，耳朵伏貼於頭部時，就表示牠正在休息。例如被撫摸而感到舒服的時候，兔子便會將耳朵放低並瞇起眼睛。

不過如果兔子全身緊繃、神情緊張，則代表牠正處於警戒狀態。為了不讓敵人發現自己的行蹤，兔子會盡量垂下耳朵以縮小體積。此時兔子的情緒和上述的放鬆狀態是截然不同的情感，只要仔細觀察，就能辨識兔子的真心話囉。

兔子的話 006
請不要僅憑單一線索，
就判斷我的心情！

耳朵朝不同方向轉動，是因為察覺異樣的緣故嗎？

兔子的話 007

情報收集中，嚴禁大聲說話！

兔子可以個別轉動左右兩隻耳朵，精準辨識來自各個方向的聲音。當兔耳朝不同方向四處轉動時，代表兔子正在捕捉令牠感到不安的聲音，並嘗試找出聲音的來處與形成的原因，以判斷自身處境是否有危險。

察覺到強烈危險時，除了耳朵之外，牠們還會把整個身體往危險來源的方向傾斜，然後充分利用聽覺、嗅覺與視覺來蒐集訊息。不過如果只有耳朵不停轉動，便代表牠們正好奇地聆聽來自四面八方的聲音。

哇～兔兔子的耳朵可以朝各個方向轉動呢。好厲害啊～

這對兔耳是我們荷蘭侏儒兔最迷人的優點喔～♡毛茸茸的兔耳也能靈活轉動喔～

我雖然是長毛兔，但是和其他品種的立耳兔子一樣，擁有絕佳的聽力呢♪

兔子有時會用耳朵遮住眼睛，是因為不想看見某種東西嗎？

的確，丸太的耳朵往前傾時，很像是要把眼睛遮住似的。
才、才不是這樣～！我只是做了立耳兔也會做的事情！

垂耳兔很難豎起耳朵轉向牠們想聆聽的方向。因此，當牠們想要分辨聲音時，便會前後移動耳朵。儘管牠們也能稍微地豎起耳朵，但是也僅限耳朵根部位於眼睛上方的垂耳兔才能辦到。

順帶一提，垂耳兔是經由人工培育改良的品種。基本上，野生穴兔都是立耳兔。在危機四伏的大自然裡，對於兔子而言，高高豎起的兔耳可說是不可或缺的重要器官。

兔子的話 008
我沒有遮眼睛！
我只是在傾聽聲音！
所以眼睛被擋到了！

兔耳的構造

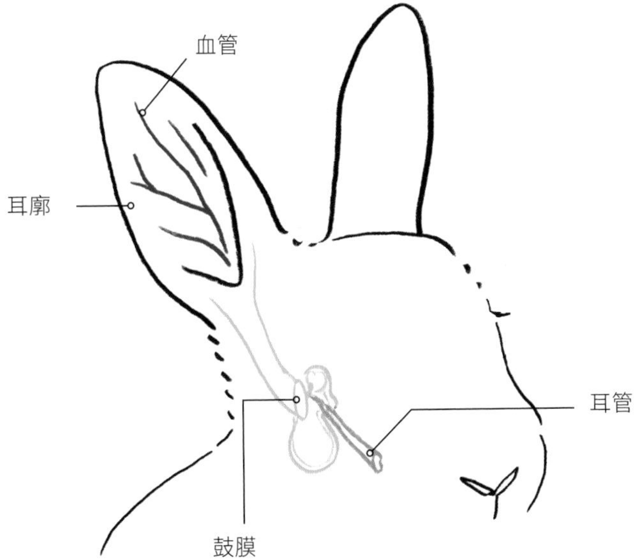

兔耳也擁有聽覺以外的功能！

兔耳具有多種功能，尤其聽力堪稱一流，可聽見的聲音頻率為人類聽覺的兩倍以上。作為聲音收集器的耳廓約佔體表面積 10%，大面積構造有助於擴大聽力範圍。

再者，耳廓中有動脈、靜脈和許多微血管存在，有助於發揮散熱作用。

你一定認為兔耳只是可愛的象徵吧？
其實兔耳同時也是優秀的集音器和散熱器喔！

鼻子頻繁抽動！是不是不舒服？真的沒關係嗎？

……喂。丸太的主人好像在擔心你是不是不舒服耶。

我正在嗅探味道，到底為什麼要來阻止我呢？……咦？擔心？為什麼～!?

當兔子嗅聞氣味時，會不停地抽動鼻子。這個動作可以將氣味分子吸進鼻腔裡，並迅速將相關訊息傳送至大腦。

據說兔子的鼻子每分鐘可抽動20～120次。

當兔子以穩定節奏緩緩抽動鼻子時，代表牠覺得「現在沒有立即危險，但是先收集情報吧！」，而且處於休息狀態。相反的，若快速地抽動鼻子，便代表兔子感到警戒或興奮，正試圖找出敵人或美味食物的氣息來自何方。

兔子的話 009

嗅探氣味是兔子的一大特色！

鼻子停止抽動了！好擔心牠有沒有在呼吸……

安——靜…
兔子的話 010
我只是在睡覺！
這麼愛擔心，
你不累嗎!?

正如第30頁所敘述的，兔子在清醒時會不斷抽動鼻子以收集氣味和周圍情報。如果鼻子停止動作，即意味著兔子睡著了。其實兔子不用抽動鼻子也能呼吸，飼主不用過於擔心。

相反的，如果發現兔子在用嘴巴呼吸，那就真的該擔心了。健康的兔子不會張嘴呼吸，此時牠們很有可能鼻子完全堵塞，或罹患了呼吸系統疾病，應立即前往動物醫院接受診療。

喂～抱歉熟睡中打擾了，這次你的主人又再擔心「你該不會沒在呼吸吧？」。
……嗚啊！我好不容易才睡著了!? 我覺得我的主人真的很愛瞎操心呢～
這樣會害我們變得更消極，奉勸主人們要適可而止喔～

兔子也會發出叫聲以傳達自己的情緒嗎？

兔子的話 011

請仔細聆聽我的鼻息聲！

兔子沒有聲帶，無法像狗或貓那樣發出叫聲。不過如果和兔子一起生活過的話，應該會聽過兔子的鼻息聲吧？

這種鼻息聲是從鼻子發出的氣聲，是兔子受到自身情緒影響而自然發出的聲音。隨著呼吸速度快慢和氣管收縮，兔子可以發出各種不同的氣音。例如強烈低沉的「噗！」代表威嚇之意；感到恐懼時則會發出「嘰～」的尖銳高音。當兔子感到高興或心情愉悅時，氣管會隨之放鬆，發出「噗～噗～」、「噗嘶」的氣聲。

我們並不是刻意要發出鼻息聲喔～而是情緒激動時就會忍不住……

沒錯，所以鼻息聲可說是兔子的「眞心話」，希望飼主們都能讀懂其中含意。

狗或貓有時會觀察主人的反應發出不同的叫聲，但我們的鼻息聲是下意識發出的聲音喔～

我常常被說「鼻息聲好大聲」～我似乎太愛向主人撒嬌了？

分辨鼻息聲的訣竅

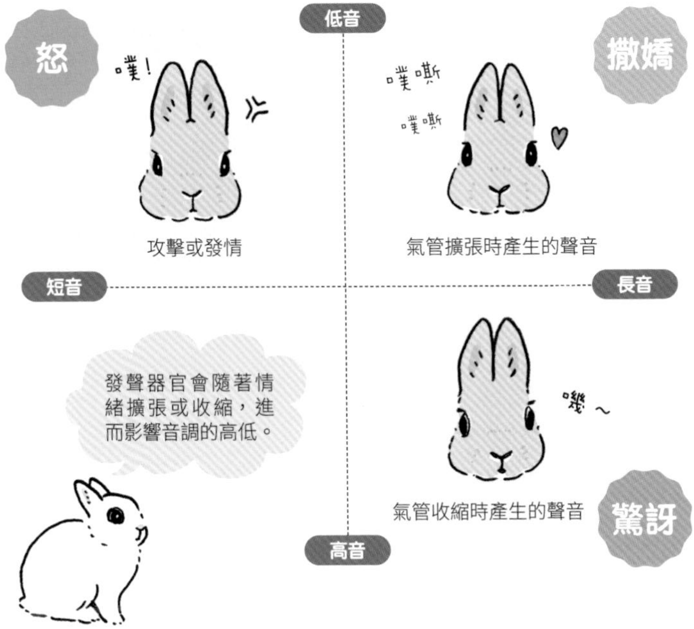
低音
高音
短音
長音
怒
噗！
攻擊或發情
撒嬌
噗嘶
噗嘶
氣管擴張時產生的聲音
驚訝
噗～
氣管收縮時產生的聲音
發聲器官會隨著情緒擴張或收縮，進而影響音調的高低。

嘎哩嘎哩地磨著牙，是因為感到焦躁嗎？

居然在我被摸得正舒服的時候，突然對我說「抱歉摸了你」，然後就不摸了！

因為兔兔子每次磨牙時都很大聲……可能你的主人誤會了。

當主人撫摸兔子時，兔子可能會磨牙並發出「咻哩咻哩」、「喀哩喀哩」等聲響。這其實和貓咪收縮喉嚨肌肉所產生的「呼嚕聲」一樣，主要目的在於傳達「我很放鬆」的訊息。此時，兔子應該會擺出安穩舒適的姿勢，放心地任由主人撫摸自己。

不過，如果兔子緊繃著身體，獨自躲藏在籠子角落發出磨牙聲，則很有可能是身體感到疼痛或不適。再者，若眼神銳利地磨著牙，則代表兔子正感到焦躁不安。

兔子的話 012

請不要因為會錯意而停止對我的撫摸！

兔鼻的祕密

鋤鼻器
兔子的
鼻子

狗的鼻子
鋤鼻器

嗅覺與感知力絕倫超群！

兔子擁有超過一億個可以探索氣味的「嗅覺細胞」，數量約為人類的十倍。因此他們能輕易察覺到人類無法察覺的微弱氣味。

再者，兔鼻還兼具另一個重要的功能——嗅聞賀爾蒙以尋找交配對象。這個用來感知賀爾蒙的器官便稱為「鋤鼻器」，大多數生活在陸地上的動物都擁有這個構造。狗和貓的鋤鼻器生長於鼻腔內部，但是兔子的鋤鼻器則是覆蓋於鼻子表面。光從這一點，我們便能看出兔子這個族群有多麼注重繁衍能力。

雄性尤其能夠充分利用鋤鼻器來尋找異性。作用可說與一般嗅聞氣味的器官截然不同喔！

身體縮成一團了，因為覺得冷嗎？

……好像有點熱。主人，你為什麼要關掉冷氣呢？

應該是因為你蜷縮著身體的緣故吧？放輕鬆一點吧？

把前腳收進身體內側，身體蜷縮在一起蹲下的姿勢便稱為「母雞蹲」，是常見的兔子坐姿。此時兔子的警戒心不會重到像是要隨時逃跑一般，但牠還是會揚起頭以便觀察周圍情況，可說是處於半放鬆、半警戒的狀態。

當天氣寒冷的時候兔子也會蜷縮起身體禦寒，但是此時兔耳表面溫度就會是冰涼的。另外，若處於戒備狀態，則會呈現出「壓低姿勢，全身緊繃」的模樣。因此飼主其實無須過於擔心。

兔子的話 013

這是常見姿勢！
不需要太在意！

擺出雙腳站立的姿勢，是對什麼東西感到好奇嗎？

兔子用後腿筆直站立起來的姿勢，稱為「後腿站立」。當兔子察覺異狀時，常常會擺出這種姿勢。

你可能會擔心「難道牠非常緊張？」，但請別擔心。兔子真正害怕時，往往會壓低身子並試圖隱藏自己的行蹤。如果看到經常高高站起並觀察周圍狀況的兔子，那代表牠一定是一隻好奇心旺盛的兔子。

另外，在飼主面前重複擺出「後腿站立」姿勢，很有可能是在傳達「跟我玩吧！」的訊息以吸引飼主的注意力喔。

兔子的話 014
我正興致盎然地
收集情報中！
請不要打擾！

身體站直後，耳朵可聽見的範圍會變廣，收集情報的速度也會變更快些呢。
真的～我每次來到陌生環境時，也會忍不住站直身體呢～

伸～長了身體，兔子正在休息中嗎？

即使我知道家裡很安全，也很少以這個姿勢睡覺……

很明顯，那代表兔子正在舒適地休息吧？不過這還是要依據每隻兔子的個性而定。

受到驚嚇時，兔子會將四肢緊貼地面以便能快速逃脫。但是如果兔子讓腹部直接接觸地面，伸長了身體臥躺於地，就代表牠判斷周圍沒有危險，正在休息。不僅如此，如果再加上後腿伸長、頭部伏貼於地面等幾乎很難在野外看見的動作，那就代表牠的警戒心幾乎為零。

不過天氣炎熱時，兔子也會擺出這種姿勢以降低體溫。此時請趕緊檢查看看室溫是否適宜吧。

兔子的話 015
請仔細觀察
我們是在休息，
或是覺得太熱了！

雖然蹲低了身體，身體卻很僵硬。應該是在休息中……吧？

兔子的話 016
正確認周遭安全與否。
在排除危險前，
請靜靜守護我們吧！

盯…

若兔子壓低姿勢，伸展身體，代表正在休息……不過如果兔子四肢緊貼地板，全身緊繃，則表示兔子抱持完全相反的心情。換言之，牠們正察覺到某種危險，並試圖躲藏起來。

野生兔子一旦察覺到敵人的氣息，會將身體重心壓低，讓兔耳伏貼於身體，盡可能地消除自己的存在感。在這個狀態下，如果飼主突然搭話或是伸出手，兔子很有可能會陷入驚慌失措的狀態。此時，請溫柔地對牠們說「別害怕」，安撫牠們的情緒吧。

約翰剛來我們家的時候，經常擺出這種姿勢呢。現在牠依然偶爾會這麼做……

我的警戒心比較高。沒問題的話就會冷靜下來，希望主人可以默默守護我。

請配合兔子的步調。不要一味對牠說「沒事的」，然後強迫牠起身活動。

想接近某個東西，卻擺出卻步的姿勢。是感到驚恐嗎？

雖然覺得害怕……但還是覺得好奇啊～此時，希望主人可以安心在一旁守護就好～

如果大聲叫喊「危險！」，反而容易嚇到我們喔。

看見從沒見過的玩具與訪客時，如果兔子畏畏縮縮地緩慢靠近，表示牠正在傳達「雖然害怕，但我很好奇」這個訊息。話雖如此，當兔子真正感到害怕時，往往會將身子放低並消除自己的氣息。不過即使膽怯也想接近，說明此時兔子其實充滿了好奇心。飼主只要說一聲「你很害怕吧！」，輕聲安撫即可。不必過分擔心。

然而當兔子脫臼時，也有可能會變得畏畏縮縮的。若察覺到兔子有什麼不對勁的地方，請盡快帶愛兔去看獸醫吧。

兔子的話 017
請守護鼓起勇氣
採取行動的兔子吧！

野兔的生活方式

活躍時間為日落到黎明

與人類一起生活的寵物兔，其實是穴兔的同類。寵物兔很常被誤認為是夜行性動物，但其實為「晨昏性」動物。在晝行性天敵即將入睡的黃昏時分離開洞穴覓食與探索地盤。此時牠們也會巡邏周遭環境，以確認是否有天敵的蹤跡，或是有其他族群的雄性入侵。接著牠們會在黎明時刻返回洞穴，於太陽高照時睡上 8 ～ 12 個小時。

野兔的天敵——蛇或老鷹皆為「晝行性」動物；狐狸、鼬鼠和貓頭鷹則為「夜行性」動物。

我是兔子

我不是
海獅的
小寶寶。
而是雷克斯兔。
我不是
海豹的
小寶寶。
而是白兔。
有事嗎？

祈禱

這個姿勢經常被說
很像在祈禱。
其實我只是在
嗚！
清潔身體而已。

擺出母雞蹲的姿勢睡覺，代表對周圍有警戒嗎？

兔子的話 018
這是兔子的常見姿勢之一，不需要擔心！
Z
Z
Z

許多飼主看到兔子收起前腳擺出「母雞蹲」姿勢、抬著頭入睡的景象後，經常會擔心兔子「是不是覺得緊張呢？」不過，這其實只是兔子的基本睡姿而已。為了可以在發現異常時立即逃跑，警戒心強的兔子通常不會陷入熟睡。對於兔子來說，擺出母雞蹲的姿勢並不會感到不舒服，飼主其實不用過度擔心。不過，如果家裡的兔子睡覺時原本習慣將雙腿往外伸，後來卻看見牠蜷縮著身體睡覺的話，那就可能是兔子感到寒冷了。此時請務必檢查室溫是否正常。

我不習慣伸長雙腿睡覺。這是不知不覺間養成的警戒習性……
我在五歲前也和妳一樣呢。一直到最近，我才會採取比較隨意的姿勢睡覺。
就是這樣，請飼主耐心地守護我們吧。

從來沒看過我家兔子睡覺的模樣……沒問題嗎？

兔兔子從不閉眼睡覺呢。我從來到家裡的第一天起就睡得很熟……

我是我、丸太是丸太。每隻兔子的睡覺習慣都不一樣喔！

雖說每隻兔子的睡眠時段會隨著飼主的作息而改變，不過基本上都是在人類頻繁活動的白天睡覺。由於兔子會趁飼主外出時睡覺，因此大可不必擔心這個問題！

「不是那樣的，我即使一整天待在家，也沒看過牠睡覺的模樣……」如果發生上述這種情況，很有可能是兔子正睜著眼睛睡覺。睜著眼睛反覆進行斷斷續續的睡眠是兔子的天性。擔心的話，不妨仔細觀察鼻子的抽動頻率吧。只要看見鼻子的抽動忽然停止，那便代表兔子已經睡著囉。

兔子的話 019

睡覺習慣是個性的展現！我們其實有好好睡覺啦～

伸長後腿睡覺，這種舉動看起來很沒禮貌!?

兔子的話 020
這不是沒禮貌，
而是落落大方！

兔子的基本睡姿是「母雞蹲」……不過，有些兔子睡覺時會將雙腿往外伸長。當兔子「四肢貼地」時，代表著牠們判斷眼前沒有需要隨時逃跑的危機存在。換句話說，如果是警戒心較為薄弱或認為家裡非常安全的兔子，便有可能會擺出這種姿勢。因此，如果兔子的睡姿從原本的母雞蹲轉變成這個姿勢，身為飼主，應該會感到十分開心吧♪

我們也能透過觀察後腿姿勢來研判警戒程度。如果兔子只伸長了一隻後腿，代表處於「有點警戒」的狀態喔。

丸太從入住主人家的第二天開始，就以這種姿勢睡覺了吧？每隻兔子的睡姿和個性可說是息息相關呢～

嗯！常常有人說我「一定無法在大自然中生存下去」～

「只因為不是○○，就無法感到安心」。其實主人們不需要做無謂的擔心喔！

睡覺時露出肚子，此時兔子的警戒程度到底有多高呢？

丸太，我一直覺得……你的警覺心未免太薄弱了。

反正沒人會對我的肚子惡作劇……我只是擺出我覺得舒服的姿勢睡覺而已～！

和伸長後腿入睡相比，這可說是兔子更放鬆警戒的睡姿。和其他動物一樣，對於兔子來說，腹部可說是一種弱點。

因此，除非兔子感到非常安心，否則不會以這種姿勢睡覺。

「我家兔子總是以母雞蹲的姿勢閉眼睡覺，那是不是代表牠睡得不夠安心呢？」不是的，那只是兔子的正常睡姿，飼主們不需要做過度聯想。有些兔子即使再怎麼信賴自己的主人，也從來不曾露出肚子。追根究底，如果沒有安全感，兔子可是不會入睡的喔。

兔子的話 021

大方地露出要害，便是感到安心的證據♪

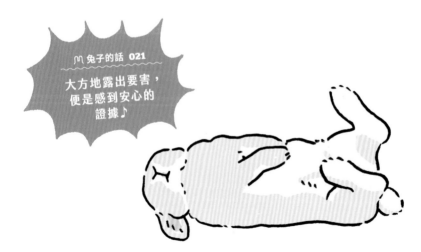

為什麼兔子喜歡依靠著東西睡覺？

兔子的話 022
緊緊靠著便感到安心。
請不要阻止我喔！

當兔子年幼時，習慣緊挨著自己的兄弟姊妹睡覺。受到這種天性的影響，兔子即使在長大後，仍會試圖透過緊挨著某物或依靠在某物上來獲取安全感，例如靠在籠子裡的廁所睡覺或是靠在家具上……。相反的，能夠單獨睡在寬敞空間的兔子警戒心較低，可謂抗壓性極高呢！

順帶一提，兔子會將臀部貼近飼主腳邊睡覺，也是出於同樣道理。這意謂著兔子十分安心，並願意將自己的弱點託付給主人喔。

睡覺期間毫無防備，因此，倚靠在其他東西上會讓我們感覺到安心。

如果家裡飼養多隻兔子，或許就能看見兔子們彼此依偎著睡覺的景象喔！

我們有時候也會緊貼著牆面睡覺喔。這樣需要警戒的範圍將變少，讓我們感覺到更放心！

兔子是故意沿著地毯邊緣睡覺的嗎？

兔子的話 023

兔子會將牆壁以外的東西也視為一種「邊界」喔！

「我家兔子常常睡在房間中央，所以牠的抗壓性很高！」擁有這個念頭的讀者，可能有必要重新確認一次——兔子是否有沿著某物邊緣（例如相鄰的房間或地毯的邊界）就睡的習慣呢？如果有，那便代表兔子意圖「倚靠著某物睡覺」。

人類習慣憑藉牆壁與高低落差等立體物來辨識空間和場地的邊界。但是兔子卻會將微凸物或線視為一種邊界。因此有時我們便會看見兔子想要倚靠上去，卻因為沒有壁面而直接翻轉一圈的有趣景象！

你總是睡在房間中央吧？警戒心真低呢。
請仔細看啊～我確實是有倚靠在某個東西上面啊！這裡是地面邊界吧？
確實是倚靠在上面了呢！兔子和主人眼中所見的世界果然截然不同呢～

分界線與地盤

分泌氣味佔領地盤！

野兔擁有群居習性。其中，位居領導地位的雄兔會在活動期間巡視地盤。此時，兔子會在活動範圍分界線撒尿或大便，以宣示地盤主權。兔子會像這樣藉由留下自己的氣味，向其他群體的雄兔發出訊號，表明「這是我的地盤，禁止進入」。同樣的道理，與人類共同生活的寵物兔有時會在房間四處亂大便，其目的便是為了宣示地盤主權。

不過很多膽小的兔子不大會到處大便，以免被敵人發現自己的蹤跡。這種事就要看兔子的個性而定了！

突然激烈翻身倒下!? 發、發生什麼事了？

玩得好滿足，好開心、好開心♪所以我要……嘿咻～！

你的主人嚇一跳喔。不過話雖如此，如果不用力翻身，我們根本無法躺下來啊……

兔子突然發出巨大聲響並砰然倒下時，有些飼主可能會感到非常驚訝吧？

然而對於兔子而言，「翻身倒下」這個舉動只是為了躺下休息而已。礙於身體結構的關係，兔子無法像狗或貓一樣逐漸躺下來，只能用力翻身倒下。當兔子做出這個舉動時，大多時候牠們都是感到十分舒適的。此時飼主只要溫柔地對兔子說聲「很舒服吧～太好了～」，然後別去打擾牠即可。

兔子的話 024

我正在放鬆啦♪
此時請小聲說話喔！

所謂「仔細觀察兔子的行為」，具體來說該看哪個部位來判斷呢？

只要仔細觀察容易透露出情緒的前腳、後腿等部位，以及尾巴的動作，就能輕鬆解讀兔子的情緒喔。

當兔子的前腳快速移動時，便意謂著兔子很有可能正處於緊張狀態。若感到焦躁或不悅時，後腿則會有所動作。至於尾巴可能往上下或左右擺動，但無論是哪種擺動方式，都可視為一種展現興奮情緒的行為。

話雖如此，建議飼主們不要僅憑單一行為做出判斷，而是要通盤檢視眼前的情況，才有辦法預測兔子的情緒喔。

兔子的話 025

透過各方觀察才能讀懂兔子的行為！

希望人類不要只是想著「那個行為好可愛啊～」，而是要將兔子的每個行為當成一種提示吶。

話雖如此，如果一直盯著我們看，也是會讓我們感到喘不過氣來。凡事都要適可而止才好！

兔子的話 026

請不要反射性地向我們道歉！

突然用力踏地板！是因為我做了讓你覺得討厭的事嗎？對不起！

後腿用力踏蹬地板的動作，一般稱為「跺腳（Stumping）」。基本上，當兔子感到不滿、不安或心懷警戒時，便會做出這個動作。

在野外，野兔經常在察覺到敵人的氣息或聽見可疑聲響時做出這個舉動，其目的在於發出聲響與震動，藉以警告地底的同伴附近潛藏著危險。

不過在門鈴響或飼主打噴嚏時，兔子也會不自覺做這舉動。因此如果一味認為「跺腳＝不滿」而過度道歉，兔子很可能學會「把跺腳當成逼飼主妥協的手段」這種壞習慣喔。

只要一跺腳，主人就會緊張地問「怎麼了!?」呢～到底為什麼呢……

我的主人會對我說「對不起喔」，然後將我抱出籠子。所以每當我想離開籠子時就會跺腳喔～♪

……由於會發生這種問題，所以我的主人反而會刻意不做出反應。

因為這樣，我和毛茸茸不大會跺腳。不過兔兔子和丸太眞是厲害呢。

跺腳的理由

警戒中

在許多飼主印象中的「跺腳」時常會在兔子提高警戒時發生，例如聞到陌生氣味或聽見可疑聲響。

助威

有跺腳習慣的兔子，也會在採取行動前先踏蹬地面，用以助長自己的威勢。

想引起飼主的注意

只要一跺腳，飼主便會關心兔子的狀況。因為有些兔子會為了吸引飼主的注意力或是提出要求而踏蹬地面。

心情不悅

有時兔子會利用蹬地發出聲響來發洩心中的焦躁不安。就像人類的咋舌一樣。

在外出期間理毛，代表兔子感到很放鬆？

這、這種情況下，怎麼可能感到放鬆啊!?

妳的主人是不是覺得「做出常見舉動＝正在放鬆」？實際上兔子的情緒可能和你想的恰恰相反喔。

為了不讓敵人發現自己的蹤影，兔子會舔舐自己的身體以去除氣味。因此，舔身體可說是兔子的本能，這個動作本身並沒有蘊藏任何特殊情緒。

但是，如果兔子是在陌生環境中做出這個舉動，那便成為展現緊張或不安的舉動了。這種行為屬於「替代行為」的一種，動物多半會藉此逃避現實，和人類在緊張時會不由自主地摸頭髮或搔頭是一樣的道理。這種情緒和放鬆的情感截然相反，屆時還請飼主務必出聲安撫兔子，讓牠冷靜下來吧！

兔子的話 027
我想逃離這個狀況！

清潔兔耳時的心情，和理毛是相同的嗎？

耳朵是兔子用來收集情報與調節體溫的重要器官，所以兔子經常會利用前腳輕輕夾住耳朵，小心翼翼地花時間清潔乾淨。另外，兔子也會將後腿腳趾伸進耳洞抓撓，以指甲刮出耳垢。基本上，這都算是兔子出於本能所採取的行動，但有時也會變成兔子為了逃避緊張而做出的「替代行為」。

不過，對於荷蘭侏儒兔等品種的兔子來說，由於耳朵短小導致前腳搆不著耳朵，很難靠自己將耳朵清理乾淨。此時，飼主不妨助其一臂之力，幫助兔子保持乾淨吧。

兔子的話 028

無法觸及的部位，就請主人幫忙吧！

毛茸茸也是屬於短耳品種兔子，自己很難清潔耳朵，所以我都會幫忙牠喔。

如果家中只有單獨養一隻兔子，幫忙清潔的工作就要由主人代勞啦。

為什麼要用前腳摩擦臉部？

兔子會使用前腳摩擦臉部，以清潔自己的臉部。也許您會覺得疑惑：「兔子會舔身體仔細清洗髒污，但是洗臉時卻只靠前腳磨擦臉部嗎？」事實上，兔子在洗臉前會先舔舐前腳以塗上唾液。兔子的唾液中具有抗菌、除臭的成分，將其抹在臉部便能發揮保持毛髮清潔的功用。

順帶一提，兔子也會仔細地清潔鼻子。尤其是當牠們聞過某樣氣味後，更會專注地清潔沾附有氣味分子的器官，讓嗅覺恢復靈敏以嗅探新的氣味。

兔子的話 029

兔子比主人所想的還要愛乾淨喔！

嘿～兔子的唾液好厲害啊～居然具有抗菌、除臭的功用！

咦？你說好厲害……難道丸太你什麼都不知道，只是出於本能地洗臉嗎？

不斷拍動自己的前腳，是想要傳達什麼要求嗎？

兔子的話 030

嚴格來說，只是一種「習慣」喔！

兔子在洗臉之前，時常可見牠們做出前腳在臉部前方輕輕拍動的動作。當然，兔子並不是在傳達「拜託你」的意思，而是自古流傳下來的一種習性——野兔生活於地底，洗臉前會習慣先拍掉前腳的泥土再進行清潔。儘管人類飼養的寵物兔已經不再需要做這個動作，但牠們還是會出於本能地在洗臉前拍打前腳。

將灰塵拍落後，舔舐前腳、塗上唾液，開始清洗臉部，這可是愛乾淨的兔子獨特的行為呢。

兔子的理毛動作相當迅速，可能很多人會看不懂我們在做什麼。不過，只要仔細觀察，就能發現其實我們都會按部就班地清潔毛髮喔。

清潔耳朵時當然也會利用到「拍↓舔↓洗」這樣的清潔三步驟。兔子對於自身的清潔，可能做得還比主人早上的打理動作更仔細呢。

用下巴磨蹭其他物品，代表兔子喜歡那個東西嗎？

聽說較為親人的兔子會對初次見面的人類做出這種磨蹭動作。

我應該滿常做出磨蹭動作的～不過，主人好像常會因此感到吃醋呢。

兔子的下巴長有「臭腺」，牠們透過讓臭腺分泌的氣味附著於其他物體上的動作來傳達「這是我的東西！」、「這是我的地盤！」等訊息，以宣示自己的所有權。因此牠們每天會竭盡所能地用下巴磨蹭其他東西，避免氣味消散。

不過，兔子有時也會用下巴磨蹭主人。許多飼主應該會高興地認為「這代表牠喜歡我吧♡」，然而此時的兔子只是將飼主視為自己的所有物而已，這個舉動其實並沒有包含任何特殊情感在內。

兔子的話 031
這是我的東西！
那也是我的東西！

兔子的臭腺

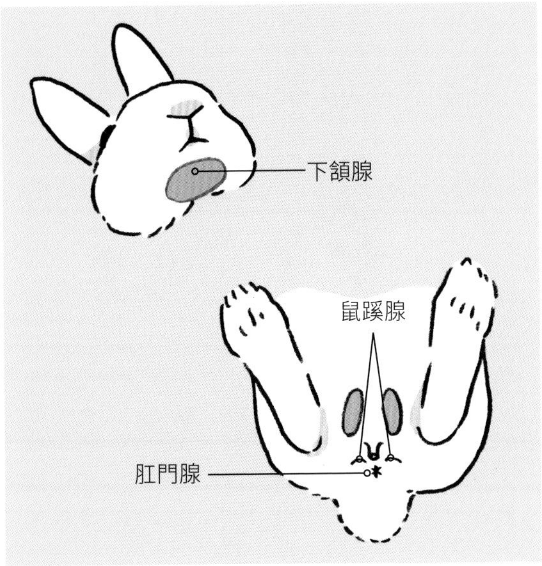

生長於下顎、肛門與生殖器附近的臭腺

兔子會透過留下氣味的方式以宣示地盤主權或吸引異性，而分泌這些氣味的器官便稱之為「臭腺」。在兔子身上共有三處腺體。

第一處是位於下巴的「下頜腺」；第二處是位於肛門的「肛門腺」；第三處是成對生長的「鼠蹊線」，位於生殖器與肛門之間。兔子也會透過隨地大便來做地盤標記，而糞便中則沾附有鼠蹊腺分泌的氣味。臭腺會散發獨特的氣味，周圍也時常可見介於黃色到黑色之間的分泌物。

鼠蹊腺會分泌連人類都能聞到的強烈氣味，尤其公兔所分泌的氣味更加明顯。

被兔子用前腳攻擊！我做了什麼不好的事嗎？

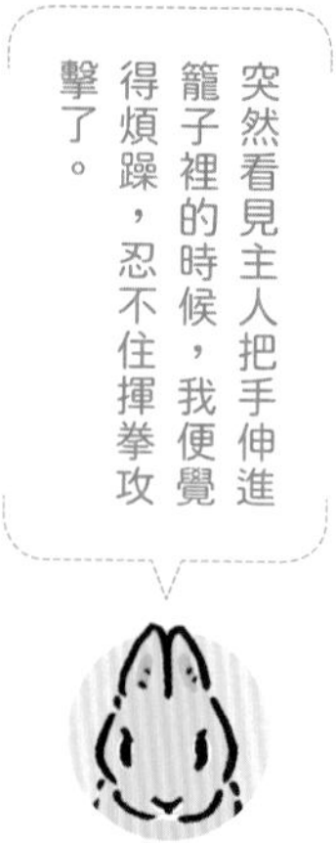
突然看見主人把手伸進籠子裡的時候，我便覺得煩躁，忍不住揮拳攻擊了。

咦～兔兔子眞有個性啊～我們的主人可能不會允許這種事發生～

用前腳揮拳攻擊，這是一種用來擊退入侵地盤敵人的行為，多見於個性強勢或因發情而領地意識驟增的兔子。其中，有些性子較為激烈的兔子更會趁飼主打掃籠子時發動前腳攻擊……

雖說這是領地意識強烈的兔子所特有的行為，不過建議飼主不要一味忍讓。身為飼主，適時展現毅然決然的態度也是十分重要的喔。

兔子的話 032
居然會怕兔子拳，未免太弱了！……你甘心就這樣被看低嗎？

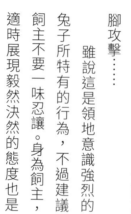

用後腿踢踹！是因為感到心浮氣躁嗎？

兔子的話 033

只要忍讓一次，可能就會讓我們養成習慣喔？

兔子天生擅長躲避敵人，而且幾乎不具有任何攻擊手段。在快要被抓住之際，牠會用肌肉發達的後腿猛踢，並在踢腿的同時用力抓搔。

另外，寵物兔多半會在被抱住或被剪指甲時做出「後腿踢踹」這個動作，其用意在於逃離現場並表達「我討厭這樣！」的情緒。飼主本身並沒有做錯任何事情，因此千萬不要被兔子的氣勢壓倒囉！

啊，我常常會踢踹呢。因為只要表達出「我不要」的情緒，主人就會收斂一點。

好厲害啊……所以妳可以不用剪指甲嗎？

關於那件事，後來主人就不自己動手，而是交給動物醫院負責了。這可以說是造成反效果吧……

尾巴翹高了！牠現在心情很好吧♪

我緊張或興奮時，會不自覺繃緊身體，還有翹高尾巴～

冷靜下來時，尾巴便會跟著下垂。兔子尾巴的形狀會隨著情緒高張而變尖喔。

插畫中，兔子尾巴的形狀經常被畫成圓形，但很多飼主可能不知道，實際上兔子尾巴呈現扁平狀，而且比各位想像的還要經常擺動。每當兔子感到緊張或興奮時，尾巴還會沿著臀部高高翹起。在野外，野兔尾巴內側的毛色和身體不同，呈現白色，翹起時宛如高高豎立的旗子，具有警示同伴的作用。

順帶一提，兔子進入發情期時，也會翹起尾巴以強調鼠蹊腺所分泌的氣味。

兔子的話 034
緊張不已&擔心憂慮中。
主人請保持安靜喔。

兔子抖動尾巴代表現在很開心？

兔子的話 035
全神貫注！
我要噴尿囉！？

兔子有時會左右抖動小小的尾巴。狗搖動尾巴是一種充滿愛意和喜悅的表現，不過對於兔子來說並非如此。兔子搖動尾巴時，通常代表牠正全神貫注地在做某件事情……尤其是在嗅聞氣味的時候。

當飼主看到兔子搖尾巴時，飼主可能會誤以為「牠似乎很開心」而想伸手觸摸，但是此舉很有可能會驚擾到兔子。有時，受到驚嚇的兔子甚至會朝飼主噴尿。因此請記得不要打擾牠們，讓牠們專心地嗅探氣味吧。

沒錯、沒錯，很多人都會以為「搖尾巴＝開心」吧。事實上貓也會在焦躁不安時搖動尾巴喔……

不同的動物搖尾巴代表不同的含意。希望主人們拋棄先入為主的觀念，好好觀察我們的行動吧。

完全伸長前腳和後腿，是在伸展筋骨嗎？有什麼特殊含意嗎？

與其說是伸展筋骨，不如說是熱身運動。

其實只要仔細觀察兔子伸展身體的時機，應該就能明白理由何在囉。

兔子會以各種姿勢伸展身體。這種伸展動作相當於人類的熱身運動，具有促進全身血液循環的效果，讓身體快速進入運動狀態。因此，兔子經常會在進出籠子前、從睡眠中甦醒時或衝刺前做出這個動作。

將前腳往前伸展或伸長單腳等等，兔子伸展身體的姿勢有千奇百種。伸展完身體後，牠們會精力充沛地到處活動，所以請整理好周遭環境，讓牠們得以全力奔跑吧。

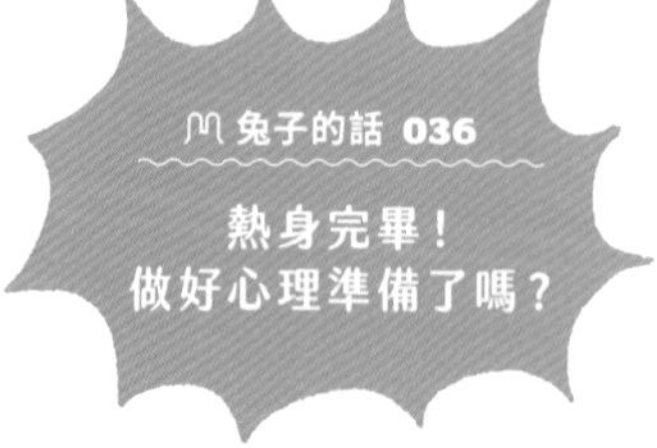
兔子的話 036
熱身完畢！
做好心理準備了嗎？

打呵欠是因為想睡覺？還是因為覺得無聊呢？

兔子的話 037
打哈欠也是
一種熱身運動。
不需要過度擔心！

兔子打哈欠時，是可以看見兔子嘴巴內部的難得機會。由於牙齒會裸露在外的緣故，許多人會說兔子打哈欠的模樣看起來「像個小怪物」。

大眾普遍印象認為「打哈欠＝想睡」或是感到無聊，但是對於兔子來說，在大多數情況下，這是休息完畢、即將展開活動的行為。此時大量的氧氣會被輸送到大腦，開啟身體的活動開關，因此這個動作多半會和伸展身體一起進行喔。

不過打哈欠同時也可能是身體狀況不佳的徵兆。如果發生頻率過於頻繁，請盡快送醫診治。

打哈欠和伸懶腰之後，便代表熱身完畢，可以精神奕奕地到處移動～

我每天都會利用打哈欠和伸懶腰讓自己打起幹勁，然後在房間裡到處巡邏喔。

不過我覺得睏的時候也會打哈欠。每隻兔子習慣不大一樣啊。

進階解說！

兔子的身體結構

針對兔子的感官與身體構造進行詳盡解說，以補足「RABBIT INFORMATION」單元中沒有提及的資訊。

A｜眼睛

兔子的眼睛位於臉部兩側。順帶一提，兔子對於藍色和綠色的辨色能力特別優異。

B｜耳朵

兔子擁有一對極具特色的長耳朵。可分「立耳」與「垂耳」兩種類，垂耳兔的聽力稍稍劣於立耳兔。

D｜鼻子

從正面看，兔鼻呈現「Y」字。兔子會輕輕抽動鼻子以收集四周的氣味情報。

C｜尾巴

形狀宛如扁平鏟子。長度依據品種不同而異，平均約落在4.5～7.5公分。

E | 鬍鬚

兔子的口腔周圍、鼻子、眼睛上方以及臉頰都長有鬍鬚（觸毛）。鬍鬚的長度大約會和身體寬度相同，兔子會利用這些鬍鬚來判斷自己的身體能否通過地底洞穴或縫隙。另外，這些鬍鬚也具有感覺受器的功能，能將探知到的訊息傳遞給大腦。

F | 嘴角

上唇裂開的「兔唇」是兔子的特色之一。嘴角雖是難以察覺味覺的盲點，但是兔子仍然可以倚靠臉頰上的鬍鬚或嘴唇辨識食物。至於舌頭上的味蕾則幾乎是人類的兩倍，因此味覺特別靈敏。

G | 被毛

覆蓋全身的被毛是由短而柔軟的底毛（Undercoat）和長長的外毛（Overcoat）組成。基本上，每三個月會褪去舊毛進行「換毛」。不過人工豢養的寵物兔長年生活在冷氣房裡，所以一年四季都在換毛的兔子也不在少數。換毛一般由頭部開始，到尾巴結束。

〔短毛〕

荷蘭侏儒兔、荷蘭垂耳兔等等。

〔長毛〕

澤西長毛兔、美種費斯垂耳兔等等。

〔超短毛〕

雷克斯兔等等。

從下一頁開始，將可以看到兔子身體的「內部結構」介紹喔！

H | 四肢

前腳較短，有利於挖洞。後腿長而肌肉發達，有助於逃離獵捕者。許多兔子品種的腳底沒有肉墊，僅覆蓋著一層厚厚的被毛。

兔子的骨骼

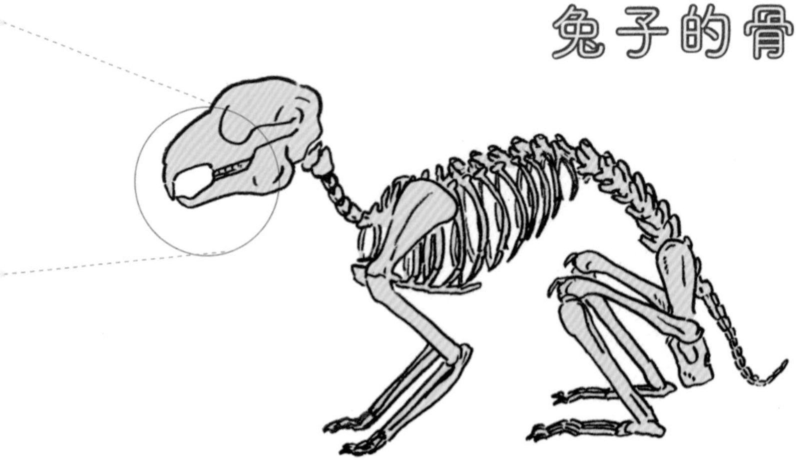

骨頭

與強韌肌肉相比，骨骼較輕

兔子的身形嬌小，但其實擁有令人難以置信的強壯肌肉。其中用來移動骨骼的「骨骼肌」的重量比例，據說在人類體內平均佔據 30%比例，在兔子體內則約為 50%。另一方面，兔子的骨骼重量也非常輕，僅佔總體重 7%～ 8%左右（人類約為 18%；狗約為 14%）。這個比例與為了適應飛行而將骨骼進化成極為輕薄的鳥類大致相同。拜輕量化骨骼所賜，兔子才得以增加奔跑彈跳速度以躲避危險。

相對的，兔子骨骼十分脆弱且相當容易骨折。而且腳底沒有肉墊防滑，腿部較難施力，因此從高處墜落摔斷前腳、撞到下顎骨折等事故屢見不鮮。再者，肌肉強度和骨骼耐久度成反比，有時也會發生因用力過猛導致脊椎骨折的意外…… 所以飼主們應徹底瞭解兔子骨骼的特性，確認四周環境的安全性。

為了強化逃走能力，
反而更容易骨折！？

上下臼齒接觸時，下顎門齒位置落在上顎門齒和小門齒之間，此為正常咬合的狀態。

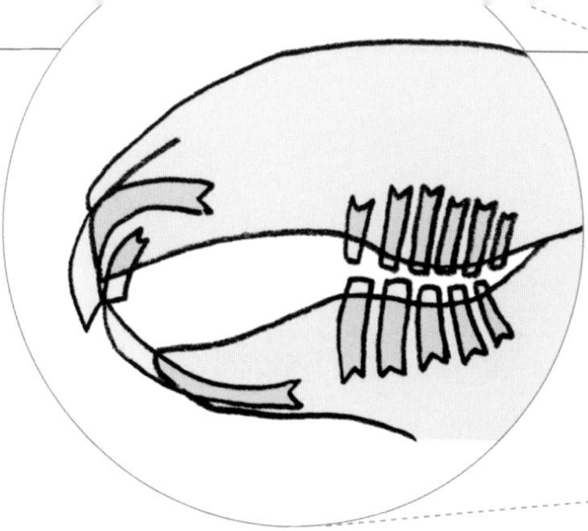

兩排牙齒終生持續生長

牙齒

兔子以前被歸類為齧齒目動物，現在則被分類為兔形目（重齒目）。包含門齒（前齒）和臼齒（後齒）在內，成兔共有 28 顆牙齒。若從正面觀察上顎門齒，可以發現大門齒後方還長有小顆牙齒（小門齒），這就是兔形目又被稱為「重齒目」的由來。（※ 注：「重歯目」為日文漢字，在台灣的科學或科普領域則未使用此詞。）再者，兔子的上顎長有 6 對（12 顆）、下顎長有 5 對（10 顆）臼齒。門牙的主要功能為切斷食物；臼齒則負責磨碎食物。

兔子的門齒和臼齒終其一生都會不斷生長。以成兔為例，上顎門齒每年約生長 13 公分；下顎門齒每年約生長 20 公分。平時食用牧草時，上下排牙齒會自然地互相磨平，因此長度不會過長。但是，如果因為某種原因導致牙齒不當生長，就會發生「咬合不正」的問題。

接下來將介紹兔子祖先——
歐洲穴兔的基本資料！

兔子超基本 Data

體型

體重　1.5～2.5公斤　身為兔子始祖的歐洲穴兔，體型大約如左所述。
體長　38～50公分　目前常見的寵物兔已經被改良成更小或更大的體型。

體溫　約 38.5～40.0°C　心跳數　130～325次／分
一天的水分攝取量　50～100㎖／體重約1公斤
一天的排尿量　20～250㎖／體重約1公斤

Theme

哪種兔子最可愛？

哪個品種的兔子最可愛？
四隻兔子圍繞著品種介紹
展開激烈論戰！

usagi

兔子座談會 1

symposium

最可愛的兔子？那當然是人氣第一名的荷蘭侏儒兔啦？

據說彼得兔的創作原型也是荷蘭侏儒兔呢。短短的耳朵和三角飯糰一般的臉龐，真的很可愛呢～看起來好像布偶……

兔兔子的體型也很嬌小呢。據說很多侏儒兔的體重甚至未滿一公斤喔～和我們荷蘭垂耳兔相比，就顯得更嬌小了～（不過牠們的個性比較強勢自大。）

……你說什麼？真是沒禮貌。在純種品種中，飼養率排名第一的便是侏儒兔，所以最可愛的兔子就決定是荷蘭

File.1

荷蘭侏儒兔

原產國 荷蘭

平均體重 0.8 ～ 1.3 公斤

短短的立耳、圓圓的大眼睛和嬌小身形為其最大特點。由於性格活潑、好奇心旺盛，飼養較為容易，可說是最能與飼主和諧相處的品種。

File.2

荷蘭垂耳兔

原產國 荷蘭

平均體重 1.8 公斤左右

為所有垂耳兔中體型最小的品種。個性穩重愛撒嬌，十分親人為其最大魅力。頭頂長有一小撮長而粗的兔毛，稱為「冠毛」。

現在就下結論未免言之過早！足以顛覆（？）大家刻板印象的垂耳兔代表——荷蘭垂耳兔，也是人氣度不輸侏儒兔的人氣品種喔！

的確，荷蘭垂耳兔受歡迎的程度不言而喻。不僅外表可愛，個性既溫馴又愛撒嬌，感覺很好照顧吧？據說其魅力更是讓人難以自拔呢。

丸太就是一個很好的例子。來到主人家的第一天就翻肚呼呼大睡，兔兔子應該辦不到吧？

話是這麼說沒錯……但是溫馴親人的侏儒兔也不在少數，而且每隻兔子個性都不一樣，應該不能一概而論吧？

……總而言之！你不能擅自斷定最可愛的兔子是侏儒兔！所以，結論就是荷蘭侏儒兔與荷蘭垂耳兔並列第一，對吧～？

不對、不對，你們在胡說些什麼!?還有很多深具魅力的品種尚未介紹呢？你說對吧？毛茸茸。

沒錯！飼養率高不代表牠們比較可愛。……應該說，你們兩位看看我身上的美麗毛髮和高雅的長相！不管怎麼看，最可愛的品種應該是我們澤西長毛兔吧♡

沒錯、沒錯！毛茸茸有光澤的長毛，可說是我勤於理毛的結果喔！與其說可愛……不如說毛茸茸是最漂亮的兔子！

的確，毛茸茸每次行走時，身上兔毛便會隨之輕柔飄揚，真的好漂亮～那份美麗是我和丸太所缺少的，讓我們好羨慕……不過約翰的努力更讓我們感動啊。

咦～說起長毛兔，我絕對要推薦美種費斯垂耳兔！結合了「垂耳×長毛」兩大優點呢。

說到漂亮，就不能不提約翰的同伴們——「侏儒海棠兔」吧？

File.3

澤西長毛兔

原產國 美國

平均體重 1.3～1.6公斤

最大特徵是全身長著蓬鬆長毛，渾圓身形和大眼睛是牠們的魅力所在。性格溫馴，容易飼養，但是飼養長毛兔需要更加留意日常的護理！

File. 4

美種費斯垂耳兔

原產國 美國

平均體重 1.3～1.8公斤

由荷蘭垂耳兔改良而來的長毛兔品種。好奇心旺盛，喜歡親近人，然而有時也會展現任性的一面。定期理毛是飼養過程中不可欠缺的重要環節。

File.5

侏儒海棠兔

原產國 德國

平均體重 1.0～1.3 公斤

最大特色是渾身毛色雪白，只有眼睛周圍的毛是黑色的（俗稱「眼線」）。個性活潑好動，充滿好奇心，喜歡接觸人，但也有倔強任性的一面。

File.6

雷克斯兔

原產國 德國

平均體重 1.4～1.9 公斤

因身軀肌肉發達、微捲的鬍鬚和天鵝絨般光澤柔順的兔毛而廣受歡迎。天性聰明，喜愛撒嬌。腳底毛短，應注意不要讓腳底過度負重。

還好啦！我們眼睛周圍有一圈黑色眼線，看起來就像有化妝一般，非常受歡迎喔！……啊，不過還是比不上毛茸茸的美麗啦……（扭捏扭捏）。

你在扭捏什麼，把話說清楚啊！不過說到美麗的被毛，我很嚮往雷克斯兔那身富有光澤的被毛呢♡那可是一般兔子難以匹敵的～

寵愛小姐曾經撫摸了兔友小姐的雷克斯兔很久……讓我好忌妒。

啊，我覺得獅子兔也很帥氣！臉部周圍生長著一圈鬃毛，看起來十分野性。而且明明是隻兔子卻被稱為「獅

子」，這點也充滿反差萌♡

還有也別忘了迷你兔喔。無論是體型大小、長相或花色，都是這個世上絕無僅有的……這種「獨一無二」的魅力可是相當吸引人呢。而且繁殖數量似乎比荷蘭侏儒兔還多……

還有許多深具魅力的兔子品種呢……嗯～看來這個議題可能無法討論出結論呢。

既然如此，結論就定調為「世界上每隻兔子都很可愛」不就好了？在每位主人心目中，一定會覺得「我家兔子最可愛」吧♪

File.7

獅子兔

原產國　比利時

平均體重　1.7 公斤左右

由於脖子周圍生長著宛如獅子般的鬃毛，故得其名。雖然有點膽小，但是個性沉穩，喜愛親近人。

File.8

迷你兔

迷你兔是混種兔（雜種）的統稱。雖說是「迷你兔」，但成長後的體型也可能變得較為龐大。其體型大小、毛色、耳朵下垂或立起、性格傾向皆各不相同，是世上「獨一無二」的存在。

PART. 2

希望你能看懂
我的「行為」！

挖地和啃咬東西，
這都是兔子的「本能」吧。

哼！
咦？
什麼？什麼？讓我看！

兔子的行為可分為「本能」和「學習」這兩種

兔子的話 038

兔子很聰明，懂得如何學習喔！

挖地穴、咀嚼東西、做記號……兔子的每種行為幾乎都是出於本能。因此，「不要挖地」、「不準咬」即使飼主如此出聲制止，基本上還是難以改變牠們的行為。

另一方面，兔子也是懂得學習的生物。雖然「啃咬物品」是兔子的本能，然而「利用咬籠子讓飼主放自己出去」，卻是後天獲得的學習行為。兔子經由過去經驗明白只要咬籠子就能被放出去，因此將其視為一種滿足要求的手段。學習行為可以隨著飼主的應對方式獲得改善，所以請仔細分辨兔子

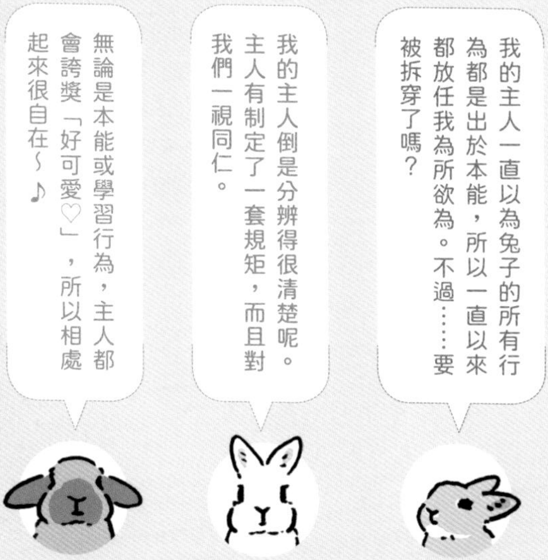
我的主人一直以為兔子的所有行為都是出於本能，所以一直以來都放任我為所欲為。不過……要被拆穿了嗎？
我的主人倒是分辨得很清楚呢。主人有制定了一套規矩，而且對我們一視同仁。
無論是本能或學習行為，主人都會誇獎「好可愛♡」，所以相處起來很自在～♪

的本能與學習行為吧。

「本能」與「學習」的重點

本能行為不會改變

本能行為是無法被阻止的，唯有從根源加以阻斷才能預防問題發生。例如把不想被咬的東西收起來、禁止兔子進入你不想讓牠們標記氣味的場所等等。

幫助兔子學習成長

「騎乘某物扭腰擺臀」也是一種本能行為。但是若想阻止兔子騎乘主人的手，不妨提供一個布偶供兔子騎乘，讓兔子明白「只能騎乘這個」的道理。

別用「僅此一次」當藉口

兔子天性聰穎，記憶力極佳，「下不為例」、「僅此一次」等方法，在牠們身上皆不管用。而且一旦讓牠們養成習慣，便難以根除。

常抓沙發的原因是什麼？

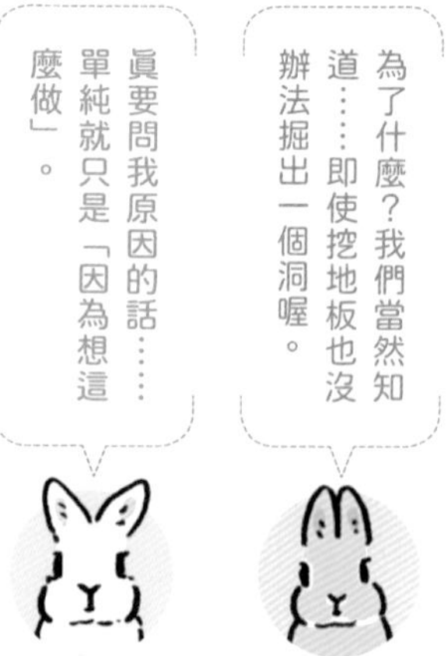
為了什麼？我們當然知道……即使挖地板也沒辦法掘出一個洞喔。
真要問我原因的話……單純就只是「因為想這麼做」。

野兔會在地面挖掘巢穴，然後居住其中。寵物兔不需要這麼做，但是「挖掘」這個動作早已成為牠們根深蒂固的本能。執行這項動作的意義比是否真能挖出洞穴來得重要許多，因此飼主不需要多加干涉。

在眾多物品中，牠們尤其喜歡抓沙發或棉被。不過有時會因挖掘力道過猛而導致沙發破洞。面對不想被挖掘的地方，建議飼主還是得先想好防範措施才行。

兔子的話 039
沒有任何理由！我想抓就抓！

有啃咬視線所及所有物品的習慣。這樣對牙齒不好，希望牠能停止這種行為！

兔子的話 040
把不能被我們啃咬的物品收起來就好！

兔子啃咬物品是為了確認硬度和材質，這是根深蒂固的本能行為，無法被改變。

牠們喜歡啃咬充電器、遙控器按鈕、紙類等等，尤其是容易被咬斷或容易變形的東西。不過，如果放任兔子亂咬東西，可能會引發誤食、觸電或灼傷等危險。

由於很難教會兔子辨識「什麼可以咬，什麼不可以咬」，因此建議飼主還是將不能被咬、或是危險物品全收起來較為安全。

我最喜歡咬東西♪像主人的包包咬起來就很有嚼勁。

我也很喜歡。所以主人送給我好多可以啃咬的玩具。

如果一味禁止，我們也會覺得困擾。因此用玩具代替是個好方法！

突然變得坐立不安、舉止可疑，發生什麼事了？

兔子之所以四處張望並做出可疑行為，是因為牠們正處於警戒狀態。如果兔子在家中散步或外出時做出這種反應，便代表牠們察覺到可疑聲音或氣味，並感到輕微恐慌。此時，請飼主不要慌張，只要冷靜地告訴兔子「沒事的」即可。

如果是在籠子裡表現出侷促不安的態度，有可能牠察覺自己的氣味已隨著打掃被消抹，或想傳達不喜歡籠內佈置的訊息。至於坐立不安地窺探籠內，則表示牠想告訴飼主：「我想盡快離開籠子！」

當兔子坐立不安時，如果主人也跟著慌亂，會讓我們以為周遭真的有危險，因而變得更加害怕喔。

希望主人可以更加冷靜以對。

兔子的話 041

遇到這種狀況，主人更應冷靜對待！

兔子叼起物品丟出去，代表感到焦躁不安？

兔子的話 042
意思是「我想玩」or「提出要求」啦！
丟

「丟東西」這個動作蘊藏著兩種含意——一種是物體高高飛起再落下的聲響聽起來很好玩，而將其視為一種樂趣。這種情況經常於兔子在家中散步時發生，我們只需要對牠說：「很好玩吧♪」「好厲害！」然後與其同樂就好了。

另一種含意則是為了吸引飼主的目光，透過丟東西造成聲響，傳達「這個好礙眼！」、「我肚子餓了！」、「我要出去！」等訊息。建議飼主可以從被丟擲的物品來判斷兔子的要求是什麼。

焦躁不安……？我只是因為東西被拋飛很有趣，所以才丟的……
啊，不過我不高興時，也會忍不住丟東西喔。
這個行為透露出正反兩種不同意義，希望主人們可以多加留意。

咬著玩具跑走是兔子的本能嗎？

約翰很常叼著東西四處跑喔。聽說只有聰明的兔子才有辦法這麼做！

還好啦！主人看到時總是很高興，偶爾還會給我零食。

野兔有將牧草叼進地穴的習性，因此嘴裡叼著東西跑動可以說是一種本能行為。

此外，嘴裡叼著喜歡的東西跑動，其實也算是一種兔子的遊戲方式。不過兔子並沒有「嘴裡叼著東西遊玩」的習性。有可能是運送東西的途中，偶然看見飼主的高興神情，因而學會「只要這麼做就能吸引主人的目光」這個道理。事實上，這算是難度較為高階的玩法喔。

兔子的話 043
這是高難度遊戲！
希望主人能
多多誇獎我！

穿梭於窗簾的舉動是在玩耍嗎?還是某種練習?

兔子會反覆用額頭摩擦窗簾或玩弄飼主所持的毛巾。由於牠們看起來似乎玩得很開心,不禁讓人會心一笑,但實際上,比起「玩得很開心」,這種反應更近似於「性興奮」。

物體摩擦臉部周圍的感覺,很像兔子與同伴之間的愛撫,隨著摩擦次數增加,性慾和領地意識也會跟著變強,更可能做出騎乘行為或引發假性懷孕的症狀。因此,必要時不妨出手禁止吧。

當布製品在眼前晃動時,會忍不住越來越興奮呢~!

確實很有趣,實際遊玩的例子也不在少數。但是做多了,會漸漸失去理智……

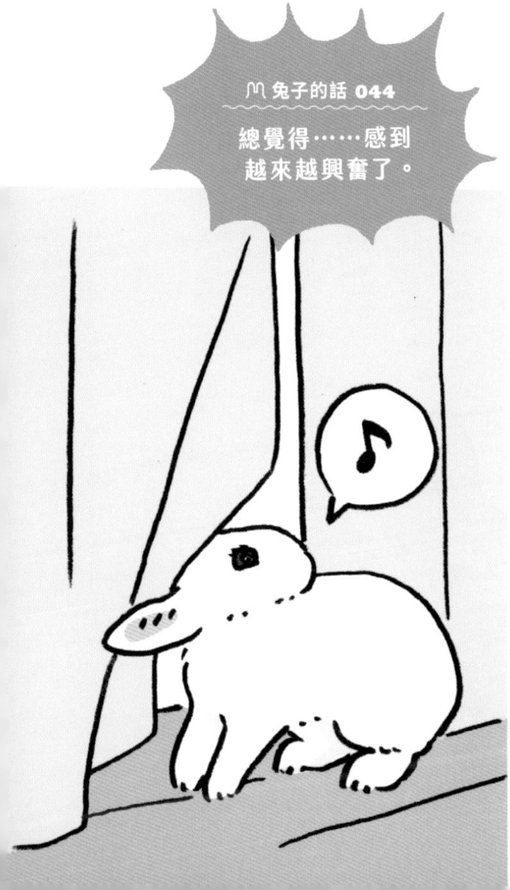
兔子的話 044
總覺得……感到越來越興奮了。

不斷把布拉平，是在整理東西嗎？

在野外，如果水淹進洞穴就糟糕了。若剛好是育孕期，連小兔子都會有危險……

不過兔子可以察覺下雨徵兆，並預先踩踏洞穴周圍的泥土以鞏固入口，很厲害吧～

兔子經常蹲坐在棉被或毛巾上，平穩地移動前腳以拉伸布料。這原本是兔子用來鞏固入口周遭泥土以防止雨水淹進洞穴的姿勢。對於不曾居住過地穴的寵物兔來說，這其實是一種非必要的舉動，很有可能是自野生時代傳承下來的潛意識行為。

當濕度升高時，牠們也會做出同樣舉動，或許是察覺到即將下雨而做出這個舉動也說不定。下次不妨抬起頭，看看天空是否有下雨吧？

兔子的話 045

兔子擁有超越人類智慧的能力喔！

兔子的話 046

我正為了養育小孩而奮鬥努力著!

叼著牧草移動。但是牠的表情看起來好嚴肅……

嘴裡叼著草四處走動的行為主要見於母兔身上。母穴兔會叼著適合作為築巢材料的牧草尋找適合場所築巢以生育後代，而有些寵物兔也會做出相同行為。換言之，這其實是兔子的一種本能。

然而即使沒有懷孕，當母兔受到發情期、被撫摸臀部、被騎乘等因素影響而發生「假懷孕」現象之際，就會採取這個行動。這種情況大約會維持兩週左右。

咦?叼著大量牧草移動……?我從來沒做過那種事喔。

我偶爾會做……不過不是叼著玩，而是有正當理由的!

兔兔子，我懂喔。不過我結紮後就很少做這種事了……

兔子騎乘布偶的行為……是一種交配姿勢吧？

我的主人應該會說「好丟臉！」，然後阻止我……
那會造成壓力喔。不如直接給予「可供騎乘」的東西？

兔子扭腰擺臀的動作被稱為「騎乘」，屬於生殖行為的一種。尤其雄性在準備進行交配時，往往會扭動臀部。因此兔子對著布偶搖動臀部便屬於一種假交配行為。

「可是我家兔子是母的，一樣會搖動臀部……」遇到這種情況的飼主，其實不用過度擔心。雄性賀爾蒙較多的母兔也會做出騎乘行為。這種行為是與生俱來的，只要讓愛兔適度發洩即可。

兔子的話 047
這是一種本能行為，不是可恥的事！
搖動
搖動

兔子與「性」

兔子是繁殖欲旺盛的動物

食慾是為了「生存」，性慾則是為了「繁衍後代」，這兩種天性在每種動物身上皆可見。但由於兔子屬於食物鏈最底層，因此性慾尤其強烈。

貓為肉食性動物，一年發情數次，一次生產 1～8 隻幼貓。與之相比，公兔一年四季皆為發情期；而母兔若發情期交配則百分之百會懷孕，一個月內產下 1～10 隻幼兔。兔子在大自然中是被捕食的獵物，身邊危機四伏，因此會依循本能盡可能地繁衍後代。

其中僅有 15%的野生兔子
可以成長為成兔……

突如其來地暴衝！發生什麼事了!?

除了高興時，我們感到害怕時也會暴衝呢。

我們暴衝時的表情和動作完全不一樣，只要用心地觀察，應該很好分辨喔！

兔子開始全力暴衝之際，請仔細觀察暴衝前後的狀況和表情。

如果兔子臉上的表情自然，時不時還會蹦蹦跳跳，那就代表牠心情很好，正用全身表達喜悅。我們可以說一聲「你很高興呢～♪」並與兔子共享喜悅。

但是如果兔子瞪大了眼睛四處亂跑，則可能是在害怕某個東西。此時，請務必低聲安撫，讓兔子冷靜下來。

兔子的話 048

從表情和狀況察覺內心感受！

跳！

朝著上方垂直跳躍！這就是所謂的「兔子舞」嗎？

兔子感到高興時，會垂直向上或左右跳躍。牠們會併攏前腳，往上跳躍至半空中，牠們嬌小身體中居然隱藏如此強大的跳躍力，簡直令人難以想像。當垂直跳躍的動作出現時，表示兔子正處於開心快樂的狀態！此時對牠們說聲「好厲害！」「很好玩吧♪」，可以更加提振兔子的興奮感喔。

有些兔子會用「垂直跳躍↓暴衝」等組合動作來展現離開籠子的喜悅！記得在放兔子出籠子前將房間收拾一下，好讓兔子們可以盡情奔跑吧！

兔子的話 049

若主人懂得我們高興的心情，我們會更加喜歡主人♪

兔子的垂直跳躍好厲害啊……事實上，兔子往前跳的能力遠優於往上跳的能力喔。

我們最遠可以往前方跳躍3公尺遠呢♪

在臀部附近磨磨蹭蹭地，牠在吃什麼呢？

話說在前頭……如果主人對我說出「吃糞便好髒」這種話，我可是會生氣的！

「排泄物＝髒」，這只是人類的價值觀。對於兔子來說，食用糞便是必要的行為喔。

兔子會透過雙重消化來獲取更多的食物營養。換句話說，兔子會食用僅經過一次消化的糞便。

兔子的排泄物分為兩種類型——質地較硬，呈現圓形顆粒狀的「硬便」，以及質地較軟、看似葡萄形狀的「盲腸便」。盲腸便是非常重要的營養來源之一，可供給兔子12～40％能量需求。

一般而言，盲腸便在排出來時，就會被兔子直接從肛門吃掉，因此飼主少有機會看到盲腸便。

兔子的話 050

我們是為了健康生活而食用盲腸便喔！

兔子的消化系統構造

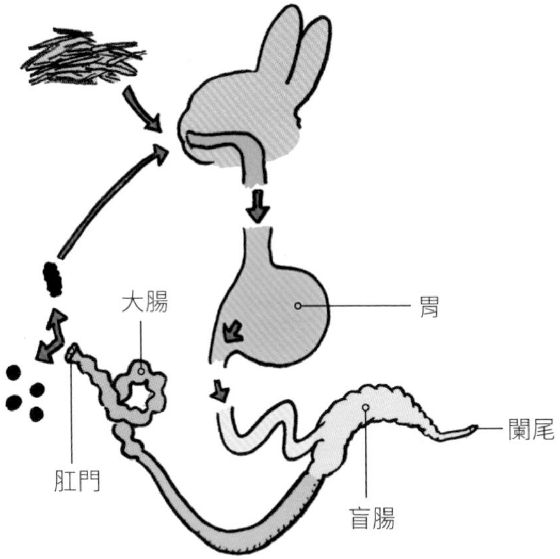

硬便與盲腸便的形成

兔子的消化系統如下。首先，被臼齒磨碎的食物會通過食道抵達胃部，在胃部與胃液混和後進入小腸。除了纖維質外的營養素會被小腸分解吸收，其餘部分將進入大腸。接下來將分成兩條消化路徑。

粗纖維將直接經過大腸，以「硬便」形式被排出體外。另一方面，直徑小於 0.3 公釐的粒子則會返回盲腸，形成富含蛋白質與維生素的「盲腸便」。最後兔子會食用從肛門排出的盲腸便，再次將其帶回體內消化。

兔子的盲腸體積大，大小約為胃部的十倍，幾乎佔據了兔子的右腹腔空間。

鑽進狹窄地方後就完全不出來了！

「不要待在那麼狹窄的地方，快點出來。」主人總是這麼說，但我就是因為喜歡才待在這裡的喔！

「那裡是空著的，但是不能進去。」這個說法我們可能很難接受。

野兔多棲息於地穴中。自然環境中存在著許多會獵食兔子的天敵，因此地穴是唯一能讓兔子感到安心的場所。寵物兔仍然保有這種天性，狹窄黑暗的地方往往能讓牠們感到安心。

兔子尤其喜歡身體剛好能容身的場所，例如家具間的縫隙或沙發底下。由於這是兔子的天性，因此即使出聲禁止也難以阻止。若是碰到有許多電纜線的地方，最好堵住縫隙，避免兔子誤闖危險地區。

兔子的話 051

即使說「不可以進去！」，我們也不會理會的！

與其說是理毛……不如說是在拔自己身體上的兔毛!?

兔子舔毛的用意在於梳理毛髮，但如果是做出拔毛的舉動，通常代表兩種可能原因。

第一個原因是發情中的母兔為了築巢而拔毛。母兔會用嘴叼來牧草以築巢（第87頁），但也會使用自己的被毛作為築巢材料。

另一個原因是壓力過大或是皮膚癢。這很有可能是某種疾病所造成的，應盡快尋求獸醫師的治療。

兔子的話 052

釐清拔毛的原因，若有需要就要趕快就醫！

拔！

將兔毛作為築巢材料的時候，通常會從只有母兔才有的「肉垂」部位拔毛。
也有可能是兔子的健康出現問題。請務必仔細探究原因喔！

該如何從兔子的行動得知牠們如何看待飼主？

兔子的話 053
表達愛意的方式千變萬化。
有些兔子也會
直接表現出來！

兔子的所有行為都是基於先天本能與後天學習，正如同前文所記述的，許多本能行為都與「性」緊密相連，因此兔子的一舉一動皆可作為衡量飼主愛意的標竿，只要仔細觀察便能輕易知曉牠們的想法。

展現愛意的基本舉動是「吸引異性」。雖然存在著個體差異，但一般而言，公兔往往會積極展現「跟我玩！」、「我愛你！」等積極態度；至於母兔則是會表現出「我願意讓你伺候」、「我可以接受你的追求」等被動態度。

每隻兔子的愛情表現各有不同。丸太會直接表達愛意，非常容易理解（笑）。
嗯！我想跟主人時時黏在一起，所以會一直做出各種舉動來傳達「我喜歡你」的訊息♡
相對的，兔兔子表達愛意的方式就顯得隱晦多了呢～
的確……談到我的愛情表現——應該是平常總是忽視主人的呼喚，等到想撒嬌時才會主動靠近吧。

兔子表達愛意的例子

約翰！

隨傳隨到

這代表兔子十分在意飼主。不過，有零食才願意靠過來的兔子則不在此限。

舔飼主

舔毛是兔子對待同伴的一種愛情表現（第 113 頁）。當兔子舔飼主的手，很有可能是因為他們正在表達愛意 ♡

緊靠身體

如同後續的第 112 頁也會提到的，兔子緊靠在一起時會感到安心。將身體的一部分靠在飼主身上，就是信賴飼主的證據！

靠過來後低下頭，是在向我打招呼嗎？

我討厭被抱，但我喜歡被撫摸！也常常要求飼主要多摸摸我♪

兔子同伴間的理毛也很舒服，但被飼主撫摸則是至高無上的幸福～

當兔子靠近飼主並低下頭，代表牠們正在撒嬌並表達「摸摸我～」的訊息。事實上，這是兔子同伴間尋求互相梳理被毛的行為。理毛是一種愛情表現，所以兔子也會期望飼主為自己理毛。

撫摸兔子時，請注意不要分心做其他事，例如看手機或是做其他的事情，因為兔子會察覺到主人心不在焉。若能認真對待，兔子也會感受到你的心意喔。

兔子的話 054
一有機會就會跳出要求摸摸之舞。
沈醉

當我坐下來時，兔子用鼻子蹭我，意思是希望我能搭理牠嗎？

兔子用鼻尖輕戳飼主的行為，代表牠正在吸引飼主的注意。就和人們會輕拍肩膀呼喚他人是同樣道理。此時牠們應該很希望飼主可以注意自己，因此正在傳達「看我這邊～」的訊息。

不過，這個動作可能也蘊含著「請讓開！」的意思。當兔子在房間巡邏時，若發現飼主位於前進方向上並擋住去路，可能也會做出同樣的舉動……此時，若飼主一味禮讓，會讓兔子認為自己的「地位較高」。因此建議不要放任兔子過於為所欲為。

兔子的話 055

可能的意思有兩種：「陪我玩」或是「不要擋路」！

戳戳……

哎呀，如果我說「讓開！」，主人馬上會讓路給我喔～

如果飼主覺得不在意就沒差，但是兔兔子家的主人是你嗎？

跟在我身後跑過來，這代表什麼意思呢？

我最喜歡主人了，所以常常追著主人跑～♡

為了討零食吃，我也會跟在主人身後跑喔。主人也很清楚我的意圖，不過最後可以拿到零食就好♪

兔子會跟在主人的身後奔跑，多半是因為牠們認為這麼做會發生「快樂」的事情，例如太喜歡飼主，所以想要「緊黏在飼主身邊」，或是期待「因此獲得零食」。兔子追逐主人時，多半處於十分興奮的狀態，請小心不要踩到牠們。

不過，如果兔子一邊發出「噗！噗！」的低沉聲響一邊追逐飼主，可能就是代表憤怒的舉動，意思是「趕快離開我的地盤！」。

噗～
噗～
兔子的話 056
猜猜我在期待「快樂的事情」發生，還是想趕人離開呢？

為什麼兔子喜歡選在飼主吃飯時間進食呢？

兔子的話 057
做同樣的事
會讓人感到安心！

兔子屬於群居動物，具有高度的「共感力」。兔子若在大自然中落單，很有可能面臨生命危險。相反的，如果能加入群體並融入周遭環境，安全性就會相對增加，因此牠們會本能性地和同伴採取相同的行動。

換句話說，兔子會透過與飼主同時進食來獲得安全感。食物的香味伴隨著飼主吃東西的咀嚼聲，常常會讓兔子不自覺地一起開始進食。

這麼說來……主人吃飯時，我也常常會開始吃牧草！
約翰確實也常常和主人一起吃飯呢。真是不可思議。
可靠小姐會在自己的吃飯時間，也餵食我們飼料呢！

當家人聚在一起時，兔子總是喜歡加入其中。好可愛啊♡

看到主人開心的表情，就會想要一起加入呢～

相反的，毛茸茸每次看到我被主人責罵時，都會和我保持距離。很狡猾吧？

正如第101頁中所敘述的，兔子是十分善解人意的動物。當人們愉快交談的時候，兔子便會受到現場氛圍的感染而加入其中。其中也有喜歡出風頭，想要成為目光焦點的兔子呢。

相反的，當氣氛不佳時，兔子則會盡量拉開距離。在飼養多隻兔子的情況下，若有其中一隻兔子遭到飼主責罵，其他兔子會選擇把目光移開、裝作不知情。由此便可得知兔子其實是善於察言觀色的動物。

兔子的話 058

我們會隨著氣氛狀況保持適當距離！

躂躂！

不斷聞我的氣味，難道是覺得我身上有臭味嗎？

兔子的話 059
每天都要檢查飼主的氣味！
嗅！

兔子擁有極佳的嗅覺，能夠透過嗅探氣味收集各種情報。嗅探飼主的氣味也是屬於情報收集的一環。尤其是飼主外出返家後，身上會散發出各種味道，因此需要重新檢查一遍。

因此，飼主不必擔心「為什麼一直聞我的味道，是因為我很臭嗎？」，但是如果身上沾附了狗、貓、猛禽類等獵食性動物的氣味，則可能會引起愛兔的反感，檢查氣味的程序也會變得比平時更加嚴格……

狗和貓的氣味也是如此……不過只要主人身上沾附了其他兔子的氣味，我也會很在意。如果是公兔的氣味，我會感到更加焦躁不安……

如果是異性兔子的氣味，也會讓我們十分在意，因而想要不斷地仔細嗅探。

對兔子訓話時，牠會轉過身去以示抗議！

當飼主出聲斥責讓場面頓時變得尷尬的時候，為了逃離不愉快的氛圍，兔子經常會轉過身將屁股朝向主人，又或者是轉過身默默表達對於飼主的不滿。

順帶一提，若是兔子主動來到飼主身邊，即使是背對飼主，也有可能是代表「請摸摸我」的意思。有些兔子會正面要求飼主撫摸自己，但是也有些兔子會以背對飼主的方式討摸摸。其實追根究底，兔子願意露出自己的弱點「背部」，就是信任飼主的最佳證明喔！

兔子的話 060

覺得氣氛尷尬時，就會想轉過身！

就算轉過身，如果耳朵轉向主人的方向，便表示我們還是願意聆聽主人的話。

無論如何，希望主人可以趕快消氣～

兔子爬到身上來，是因為牠想依偎在我身邊嗎？

兔子的話 061
肚子＝小山丘
主人請乖乖讓我攀爬吧♪

兔子喜歡視野開闊的高處。趁飼主躺著時爬上腹部，主要是為了讓視野變好。不僅如此，對於兔子而言，待在腹部的感覺溫暖而柔軟，有時還能得到飼主的輕柔撫摸呢！

話雖如此，兔子可是不會攀爬到不信任的人身上，因此有些兔子確實會想要「和最喜歡的主人依偎在一起」。不過不管理由為何，看到兔子爬到自己身上時，請您務必放輕動作並且溫柔地撫摸牠吧。

主人的肚子最棒了～！觸感溫暖又柔軟♪

而且視野也很好！有時還會摸摸我。可說是絕佳位置♡

主人們，當你們躺下的時候，請記得調整成可以讓我們輕鬆攀爬上去的姿勢吧♪

一直抓飼主的膝蓋，兔子到底想做什麼？

如果一直沒注意到「用鼻尖輕觸」或「輕舔」這些小信號，我們的表達方式就可能會越來越激烈喔。

隨著兔子的個性不同，表達方式也會改變。我的個性比較溫馴，表達方式也會比較溫和。

當兔子想向飼主提出要求時，通常會透過以鼻尖輕觸的方式來表達（第99頁）。不過如果遲遲無法獲得飼主的回應，兔子便會採取更強烈的手段以吸引飼主的注意力，例如開始輕抓飼主的膝蓋表達訴求！

然而，有時當飼主在膝蓋上為兔子梳毛或剪指甲時，兔子也會做出抓飼主膝蓋的舉動，表達「我受夠了！」的訊息。再者，進入發情期時，兔子也會藉由抓膝蓋來宣洩興奮情緒。

兔子的話 062

這是表達情緒的行為！主人，請仔細觀察我們的意思吧～！

在腳邊繞8字跑的行為是某種儀式嗎……？

兔子的話 063
表達「我喜歡你！」的最高境界 ♥

兔子在飼主的腳邊繞8字跑時，心情是快樂而愉悅的。舉凡飼主出門返家、兔子被放出籠子或是獲得零食等情況，均能看見兔子做出這種舉動。

這原本是公兔面對母兔的求愛行為，然而當兔子情緒高漲時，牠們會開始亂噴尿、做出騎乘姿勢，甚至是咬人。若判斷兔子顯得過於興奮時，飼主不妨把牠們暫時關進籠子，幫助牠們冷靜下來。

我每天都會這麼做～！沒想到居然會被主人誤認為是一種儀式……！
我從來沒這樣做過。可能是因為母兔沒有這種天性吧？
未結紮的公兔甚至會引發邊跑邊尿的問題喔。

每次心情低落時，兔子就會跑來安慰我，真是個溫柔的孩子啊！

當主人表現得無精打采，有別於平常，我們也會察覺到異樣而感到不安喔。

每次我們查看狀況時，主人就會恢復精神。果然主動關心是正確的。

兔子是極其敏感的動物，能輕易察覺十分細微的變化。當飼主情緒低落或哭泣時，兔子時常主動靠過來。這種情況與其說是在安慰飼主「你沒事吧？」，不如說是兔子發現了飼主的模樣與平時有異而感到不安，於是想要確認「到底發生了什麼事？」。

「原來牠不是在安慰我啊……」有些飼主可能會因此感到失望，不過當兔子願意主動靠過來時，自己也能獲得慰藉對吧？只要結果是好的，過程就無須太在意了！

兔子的話 064
我只是過來確認情況……不過，你打起精神了吧？
?

兔子的幸福

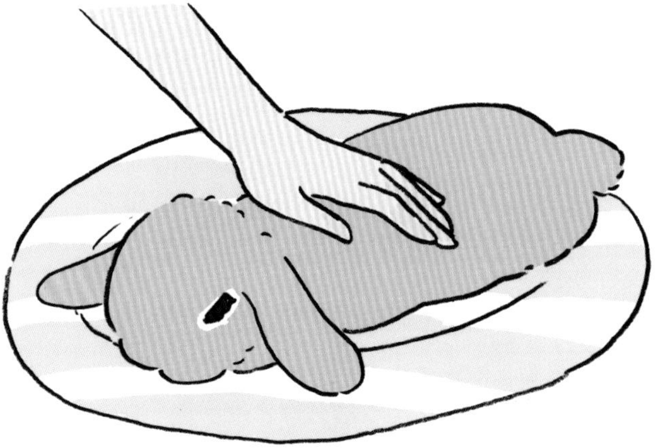

比起「刺激」，更偏好「安心」與「和平」的氛圍

在野外環境裡，兔子屬於被捕食者，因此最幸福的事莫過於平安無事地度過一天。換句話說，就是能夠「一如往常地」安心度日。

在野外，些微的變化和異狀都可能危急兔子的生命，例如沒見過的事物、沒聽過的聲音、沒聞過的氣味、飼主的反常表現……。為了保護自己的生命，兔子別無選擇，只能提高警戒，時時關注這些「不尋常的東西」。

抱持「一成不變的生活應該很無聊吧？」的偏見，因而想融入新事物，這種作法不一定對兔子有好處喔。

互相嗅聞臀部的味道，這代表什麼意思呢？

遇見陌生兔子時，我們會轉來轉去地互聞對方的氣味喔～！

就像人類的彼此互遞名片……我們正在交換十分重要的訊息，所以請乖乖讓我們聞吧。

兔子習慣透過氣味收集情報。兔子的生殖器附近長有一對名為「鼠蹊腺」且蘊藏大量個人情報的臭腺。藉由探嗅對方的氣味，兔子便能讀取有關同伴的性別、年齡、健康狀態、能力強弱等各種情報。這種行為也常見於兔子以外的動物，例如狗或貓等等，相當於人類的「交換名片」。

順帶一提，兔子的糞便裡也包含了許多來自臭腺的分泌物，因此許多初次相遇的兔子也會非常積極地探嗅彼此的糞便喔。

兔子的話 065
像這樣交換情報，能知道所有事情（？）
嗅嗅
嗅嗅

兔子之間的見面交流

不要突然直接見面，應該循序漸進

飼主們若想同時飼養多隻兔子或是希望兔子結交新朋友，請務必先建立起「兔子之間並不一定能夠相處融洽」的觀念，並優先確認兔子之間是否處得來（第 115 頁）的問題。

因此，在初次見面時，最好將兔子關進籠裡，讓雙方保持一定的距離。剛開始時，可以將籠子置於同一個房間，然後在兩籠之間加裝阻隔視線的擋板，接著觀察情況。等到兩隻兔子開始正常飲水進食後，此時先將其中一隻兔子放出籠外，讓牠嗅探對方的氣味。總而言之，每個步驟都需要謹慎以對，確認沒有問題後，才讓雙方慢慢地靠近。

如果過程中發現雙方個性不合，請即時收手。兔子之間合不合得來是無法勉強的。

兔子彼此靠在一起時，代表感情融洽嗎？

約翰和毛茸茸總是緊靠在一起睡覺呢。真是好羨慕啊～
對啊～而且主人不會將我們籠子的門關上喔。

接下來將介紹「兔子之間的」行為模式。

如同第47頁所述，幼兔們會彼此依偎在一起睡覺以獲取安心感。不過兔子其實也是私領域空間觀念強烈的動物，在野生環境下，成兔多半不會靠在一起睡覺。即使有，也僅見於戀人或兄弟姊妹等關係特殊的兔子之間。

「緊靠著睡覺」是十分夢幻的景象，請記得千萬不可強求喔！

兔子的話 066
不管面對兔子同伴或是飼主，依偎＝感情好！
緊貼

看起來像在理毛，但是只有其中一隻不斷舔另一隻……

舔舔舔舔
兔子的話 067
喜歡理毛的兔子個性體貼溫柔！？

「理毛」是兔子同伴之間最具代表性的肢體接觸動作。這種行為多起因於母兔會舔幼兔以促進排便，然而公兔也會做出相同舉動以表達對於母兔的愛意。

如果仔細觀察兔子之間的理毛行為，您可能會發現只有其中一隻單方面幫忙理毛，另一隻則不會回舔。時常幫忙理毛的那隻兔子，往往具有個性體貼溫柔的特徵。但這並不代表被舔的兔子地位較高……請將其視為兔子本身個性使然，靜靜在旁守護即可。

嗯～的確，我好像沒幫約翰理毛過呢。

不用在意那些小事喔！因為能為你理毛，我就會感到幸福♪

約翰的行為真是值得讚許。勇於表達愛意的兔子最迷人了♡

我家兔子騎乘別隻兔子！好丟臉……

丟臉!?對於兔子而言，繁衍後代可是兔生一大要事喔！

而且展現優越性也是十分重要的。希望主人可以站在我們的立場思考啊。

兔子的騎乘行為具有各種含意。如果發生於異性之間，便屬於一種生殖行為，意即帶有「我喜歡你♡」意義的情感表現。此時如果母兔處於發情期，則受孕率為百分之百，在兔子未結紮的情況下應格外小心！

若是發生於同性同伴之間，則是為了表達「我比較強！」的訊息，並展現自身優越性的行為。如果情況越演越烈，很有可能會一發不可收拾，所以建議飼主還是及早介入，將雙方分開比較安全。由於傳宗接代是兔子的天性，因此「性行為＝可恥」這種觀念其實並不正確。

兔子的話 068
這是自然的生理反應。
請不要覺得
我們可恥喔！
扭腰擺臀

兔子之間的相處

性別鴻溝、母兔的嚴格擇偶條件……

野兔是群居動物，但居住的地穴卻是獨立分開的，很少有機會接觸到其他兔子。牠們通常單獨行動，和過著習慣共同行動的犬類習性差異甚大。

關於相處模式，由於公兔本身就是形成不同群體的存在，因此很難和平相處。母兔之間不易起爭執，卻容易變成「關係生疏的同居人」。公兔和母兔通常相處得較為融洽，然而即使在野外環境，母兔通常也會先觀察公兔，嚴格評斷對方是否配得上自己。最後判定不夠資格成為自己的伴侶，因而拒絕公兔的例子也屢見不鮮……。至於何謂受歡迎的兔子類型，可參考第 116 頁！

感情好的兔子要跨越各種困難才能在一起，說是一種奇蹟也不為過。

usagi

兔子座談會 2

symposium

Theme

兔子界的萬人迷是誰！？

飼主眼中所見的兔子的魅力，
和兔子審視的魅力重點真的一樣嗎？
本專欄將為您解析兔子界的「萬人迷」！

公兔和母兔的標準應該不一樣吧？兔兔子和毛茸茸，你們認為什麼類型的公兔最受歡迎呢？

這個嘛……據說善於接近母兔的公兔很受歡迎。如果對方能自然地拉近彼此距離，那麼我應該會認為「接受牠也無所謂」。

我聽說會發出「噗！噗！」鼻音，舔舐母兔身體並緊靠在身旁的公兔，其交配率比較高喔。另外，在群體中地位較高的公兔似乎也比較受歡迎。

原來如此～那麼，你們覺得固執倔強或是強勢型的不良公兔如何呢？會受歡迎嗎？

啊～確實有些公兔性子較急躁，會突然騎乘到母兔身上，但是牠們完全不懂母兔的心情。這些公兔大多會被母兔踢飛喔。

我剛剛說過地位高的公兔比較受歡迎，但是那些公兔通常溝通能力很好，會讓母兔覺得比較可靠。

而且為了孕育能夠堅強活下去的孩子……地位較高的母兔通常不會和地位較低的公兔交配喔。

女孩子們有權力決定是否接受公兔的追求，所以評判標準會特別嚴格呢（笑）。丸太，從公兔的眼光來看，你覺得怎樣的母兔較受歡迎呢？

嗯～這麼說很像野兔的標準……不過生育和撫養後

代是母兔的職責，所以養育能力強的母兔應該很受歡迎吧。具體而言就是性格剛毅堅強的類型！

聽說固執己見的母兔特別受歡迎喔，例如不隨便讓公兔靠近的母兔等等。不過，這樣性格的母兔不會輕易妥協，因此也很難親近人類。從這個角度來看，可能不大受人類歡迎？

我就是屬於那種類型的母兔，我覺得很帥氣呢♪你們知道嗎？受歡迎的母兔會吸引多隻公兔同時追求喔！

我有聽說過！據說受歡迎的母兔會因為被不同公兔撒尿，導致身上散發出各種不同氣味呢。

那是公兔用來證明「我才是追求你的公兔！」的記號吧。不過母兔的飼主應該會覺得這種情況非常荒謬吧。

被眾多公兔追求，進而從中選出自己心儀的公兔，讓我有點嚮往呢～♡

另外，無論性別，據說身上散發好聞氣味的兔子特別受歡迎呢～

雖然個性也有影響，不過基本上公兔會嗅探對方的賀爾蒙，靠近最令自己心動的母兔。所以分泌好聞賀爾蒙的母兔自然會吸引很多公兔追求喔！

窗簾

冬天與春天

PART. 3

關於「飼養兔子」的各種煩惱

又沒吃完……
不吃
喂，丸太。因為你不吃牧草，
寵愛小姐似乎很擔心喔？
咦——!?
可是主人每次都會給我零食。
牧草指的是那種不好吃的東西吧？為什麼一定得吃呢～？

說到這個……我的主人也總是想要掌控我，為什麼要做這麼沒意義的事呢？
到底是為什麼呢～

喧嘩
喧嘩
奇怪……好像……
兔子和飼主的想法似乎有很大的落差……

我家兔子不吃牧草……

兔子的話 069

想要讓兔子吃牧草，必須探究原因、擬定對策！

「兔子不吃牧草」的原因千千百百種，常見的原因有「很難咬」、「不好吃」、「光吃其他零食就飽了」等等。左頁將介紹主要理由和處置方法，請先找出自家兔子不吃牧草的原因吧。

追根究底，兔子的食量是有限的，根本的解決方法是盡量少給予牧草以外的零食，確保兔子養成「肚子餓了就得吃草」的習慣。因此請精準掌握自家兔子一天的總食量吧。

「牧草」指的是那種吃起來沒什麼味道的草嗎？明明還有其他更美味的東西，當然不會想吃牧草啊～

雖然不討厭牧草的味道，不過吃的時候有點麻煩，所以常常不自覺地就沒吃完了～

這麼說來，毛茸茸以前也討厭吃牧草吧？

與其說是克服……不如說是主人堅持「你一定要吃牧草」，然後為此下足許多工夫，使得我不得不吃喔～（笑）

兔子不吃牧草的理由

不方便進食……

各位飼主是否還在用狹窄的「牧草架」來供應牧草呢？兔子在吃牧草時，習慣挑選葉子、莖稈、葉穗等不同部位分次進食。請試著改用寬盤餵食兔子吧。

有其他更美味的零食

單純只是因為肚子被牧草以外的食物填滿了。對於兔子而言，牧草是味道最為單調的食物。請注意千萬不要餵食太多其他零食！

牧草品質不佳

每隻兔子的喜好不同，不過一般兔子偏好的部位排名為「葉子 ≧ 葉穗 ＞ 莖稈」。品質差的牧草參雜莖稈的比例較高，所以兔子可能覺得不好吃……

餵食同樣牧草，但是兔子卻突然不再吃了！

如果牧草香氣消失或是口感變差，我就會不想吃了……
我懂。希望主人可以明白我們的嗅覺和味覺是非常敏銳的！

牧草拆封以後，各位飼主是否依舊放在原本的袋子裡保存呢？雖說是乾燥牧草，但畢竟是一種「植物」，只要開封後，新鮮度便會漸漸流失。

牧草的香氣將慢慢消散，口感也會因為受潮而變軟……。挑食的兔子一旦察覺到美味度下降，就會停止吃牧草。

乾燥牧草應保存於放有乾燥劑的密閉容器，置於陰涼處。保存時間隨著季節而有所差異，不過一般建議在拆封後約一個月內吃完。

兔子的話 070
我才不吃
不新鮮的牧草！
軟趴趴…

除了一番割牧草以外，是否也能餵食二番、三番割牧草呢？

兔子的話 071

刻意給予纖維量低的食物，這樣有什麼意義呢……？

餵食兔子的牧草，一般最推薦的是禾本科牧草一番割（第133頁）。

然而，飼主又為何想餵食二番割、三番割呢？應該是基於「看起來較為柔軟易食」、「想給兔子吃各種不同的食物」等理由吧？如果目前愛兔喜歡吃一番割牧草，那就沒有更換牧草的必要。因為兔子十分挑嘴，一旦吃了二番割，很可能就不會再回頭吃一番割牧草。

總之，假如愛兔不吃一番割牧草，屆時再考慮餵食二番割或三番割牧草吧。

老實說，我因為太挑食了，所以主人主要都餵我吃二番割牧草。

哎呀，丸太眞是任性呢。

……如果主人們想要換回一番割牧草，那可能需要相當的耐心去進行飲食管理喔。

能不能只餵食顆粒牧草，而非牧草＋飼料呢？

顆粒牧草？那是什麼？從來沒聽過。
好像是看似飼料的顆粒狀牧草食品。主人偶爾會給我吃～！

所謂的顆粒牧草，是專為擁有「我家兔子不吃牧草」、「飼主對牧草過敏」等煩惱的飼主所量身打造的產品。很多人常常誤以為「顆粒牧草兼具飼料與牧草的營養素」，但這是錯誤的想法。

其實顆粒牧草是將牧草製成顆粒狀的草條，和飼料不同，沒有添加兔子必需的其他營養素。因此頂多只能算是用來解決兔子不吃牧草問題的「輔助」道具。

兔子的話 072

再複習一下牧草和飼料的功能吧！

NO

不知道該餵食哪種飼料比較好……

兔子的話 073
選擇飼料的主權掌握在主人手上！

您選擇飼料種類的原因是否出自於「感覺這個比較好」或是「因為兔子會吃」等主觀理由呢？建議飼主們還是必須參考包裝袋背面所記載的原料和各種營養成分比例來選擇飼料。例如「我家兔子已經七歲了，但是平常運動量較大，因此選擇含有高蛋白質的飼料吧。」、「最近兔子的體重增加，換成高纖配方的飼料吧。」等等，飼主只要根據對自家愛兔的了解，選擇最適合的飼料即可。先列出幾款合適的飼料種類，索取試吃包後，再觀察看看兔子是否有正常進食，也不失為一個好方法喔。

飼料不是交由我們選擇，飼主應該主動為兔子篩選出最適合的飼料才對。

因為主人應該是最了解「自家兔子」的人。加油啊！

如果有任何問題，也可以請教店家吧？

換了新的飼料，兔子卻不喜歡吃……

奇怪？今天的食物吃起來好像味道不大一樣～？

……懂了嗎？就連遲鈍的丸太都能吃出味道的差異。兔子可是相當挑嘴的美食家喔！

很多兔子會在飼主更換飼料後停止進食。那是因為兔子擁有大量味蕾和極為優秀的嗅覺，因此牠們對味道的變化極為敏感。再者，兔子善於察覺「不同於往常的異樣之處」，因此只要味道稍有不同，便會導致牠們拒食。

更換飼料時，最重要的原則是「慢慢改變」。飼主可以在舊飼料中按照「一小把↓四分之一↓二分之一↓四分之三……」這個份量順序加入新飼料，透過調整比例的方式慢慢汰換掉舊飼料。

兔子的話 074

我們對於美食很講究，更換飼料時請謹慎以對！

只吃自己喜歡吃的東西！

噗—
噗—

兔子的話 075
只想吃好吃的東西
是很正常的事！

兔子只吃自己喜歡吃的食物，這是很正常的事。無論哪種動物，都會偏好美味的食物，勝過味道單調的食物。如果期望兔子不要挑嘴，唯一的方法只能減少零食的份量……或是訂定「無零食日」。

接著，飼主再給予所需的牧草&飼料份量。等到兔子肚子餓了，就算牠們再怎麼不情願也只能將其當作主食了。

如果每天給予零食，兔子就會將其視為理所當然。相反的，將零食當成一種驚喜、不定期供應，反而會讓兔子更加親近飼主喔（第137頁）。

……都怪兔神將我們的心聲傳遞給主人，我的零食變少啦～！
不過，你應該明白主人不是出於壞心眼才強迫你吃不好吃的牧草吧？
我知道～但我就是想吃零食嘛～！

因為想看到牠開心的模樣，常常忍不住餵食過多的零食……

……主人這麼說的意思是～每天還是會給我零食囉♡

寵愛小姐眞是的！算了，如果丸太覺得幸福，那就好了。

飼主為什麼希望兔子多吃牧草或飼料呢？理由一定是想要兔子更加健康長壽吧！

但是，兔子只要「現在」能吃到美味食物就會滿足，不會去思考「多吃牧草才能活得久！」這種事。對兔子來說，盡情吃自己想吃的食物就是一種幸福。

也就是說，飼主和兔子雙方的心願是不一致的。如果從「想讓兔子快快樂樂生活」這個角度來思考，那麼「盡量給予兔子喜歡的食物」似乎也不是一件壞事……？

兔子的話 076

對我們來說，這樣比較開心嘛♪

儘管明白兔子在「絕食抗議」，但是……

兔子的話 077
不強硬一點，
就會被趁虛而入？
哼！

兔子相當挑嘴，如果提供不好吃的食物，牠們很有可能會絕食抗議（拒食）。因為兔子知道只要不進食，飼主就會給予好吃的零食。如果兔子連零食都不吃，才有可能是受到其他原因影響。

奉勸各位飼主偶爾也要堅守原則，堅定地對兔子說：「只能吃這個！」話雖如此，但是兔子的健康情況也會影響食慾，此時就不能簡單判定為「絕食抗議」了。

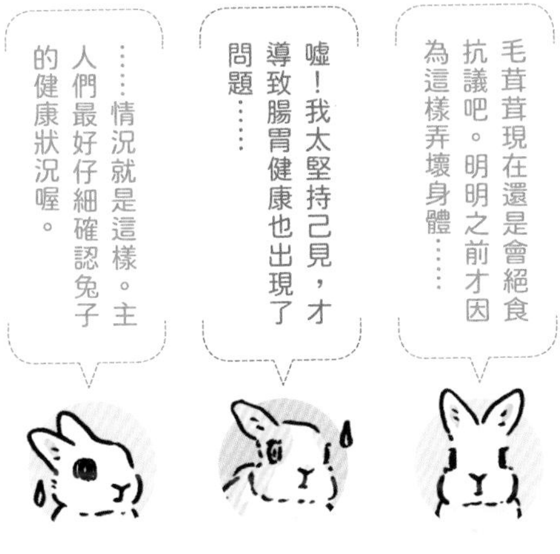
毛茸茸現在還是會絕食抗議吧。明明之前才因為這樣弄壞身體……
噓！我太堅持己見，才導致腸胃健康也出現了問題……
……情況就是這樣。主人們最好仔細確認兔子的健康狀況喔。

進階解說！

兔子的健康飲食生活

兔子的身體構造可說是由食物組合而成！
為了打造兔子的健康生活，讓我們一起檢視基本飲食吧。

兔子的主食

兔子必須攝取的「主食」共分為以下三種，
一起來認識每種主食的重要性吧。

牧草 牧草富含纖維質。纖維質具有活化腸道、促進排便等重要功能。另外，兔子也能透過咀嚼牧草來磨牙，將牙齒磨短至適當長度。

＋

飼料 牧草屬於高纖維質食物，但所含的營養成分非常少。因此，飼主還必須另外餵食富含兔子所需營養素的飼料才行。飼料本身也含有纖維質，但由於纖維質已被磨成粉狀，效果有限，因此無法完全取代牧草。

＋

水 兔子一天所需的飲水量大約是體重的 5～10%（第 69 頁）。飼主應勤於換水，確保愛兔隨時有新鮮的水可以飲用。兔子的飲用水可以是自來水。（※ 注：在台灣，建議給兔子煮沸待涼後的飲水，即「熟水」。）

此外，由於礦泉水含有大量礦物質，容易對兔子的腎臟造成負擔而導致結石，應盡量避免讓兔子攝取。

如果以人類來比喻，相當於體重 50 公斤的人類
每天需要喝 2.5～5 公升的水。
其實份量意外地多呢！

牧草可以幫助維持愛兔的健康。請了解以下的基本知識，並將其運用於改善兔子的飲食習慣吧。

POINT 1 一番割是最佳的牧草選擇

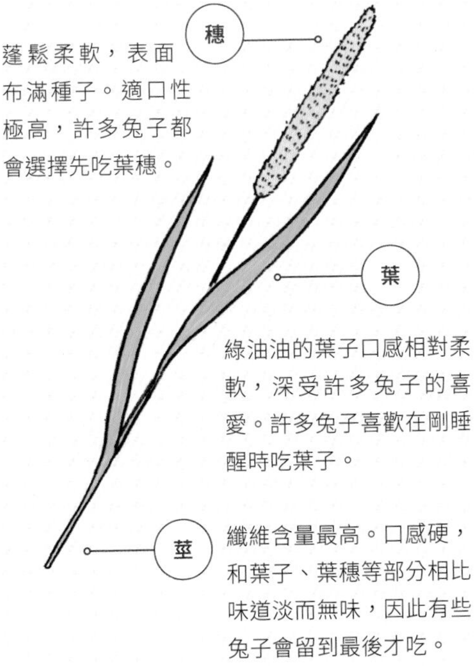
穗
蓬鬆柔軟，表面布滿種子。適口性極高，許多兔子都會選擇先吃葉穗。
葉
綠油油的葉子口感相對柔軟，深受許多兔子的喜愛。許多兔子喜歡在剛睡醒時吃葉子。
莖
纖維含量最高。口感硬，和葉子、葉穗等部分相比味道淡而無味，因此有些兔子會留到最後才吃。

牧草的種類繁多，許多飼主常為此感到迷惘，不知該如何挑選。根據收割季節的不同，可區分為「一番割」、「二番割」、「三番割」等三種。飼主提供牧草的目的是為了讓兔子攝取大量纖維，因此原則上應優先給予纖維含量最高的「一番割」牧草。

另外，葉梗（莖）的纖維質較高，但葉子和葉穗的適口性較佳，挑選各部位所佔比例均衡的牧草也是極其重要的一件事。

不同收割季節的牧草特徵

一番割

收割的時間為春季到初夏。特色是葉梗與葉子粗壯，葉穗大而飽滿。所含纖維量最高。

二番割

第二次收割的牧草。葉子雖多，葉穗少，葉梗較為柔軟。

三番割

第三次收割的牧草。質地細瘦，以葉子居多，即使是牙齒不好的兔子也容易進食。

POINT 2 最佳首選為禾本科乾燥牧草

日本國內目前供應的兔用牧草大致可分為「禾本科」、「豆科」兩大種類。禾本科營養價值低，但含有豐富纖維質，非常適合作為兔子的主食。和禾本科牧草相比，豆科牧草的纖維質較少，熱量高，富含蛋白質與鈣質，適合幼兔食用。

不過，若是餵食成兔，應優先選擇禾本科牧草。生牧草的香氣濃郁，適口性最佳；但是乾燥牧草的賞味期限長，較易於保存，因此許多店家或獸醫都會推薦將乾燥牧草作為主食。

禾本科與豆科牧草

禾本科

最常見的莫過於「提摩西」牧草。此外，日本國內也能買到「義大利黑麥草」、「青刈燕麥草」等牧草。

豆科

除了最容易購買到的「紫花苜蓿草」之外，日本國內也有販售「三葉草」、「紫雲英草」。不過與禾本科牧草相比，豆科的市場流通性比較低。

POINT 3 牧草的品質也十分重要

價格低廉、品質差的牧草往往存在著「葉梗多且難以下嚥」、「保存不善導致新鮮度降低」等問題，不僅嚴重影響味道與口感，對兔子的健康也不好。一包牧草裡，葉子、葉穗、葉梗等部位所佔比例是否均衡？葉梗是否粗壯且富含纖維質？是否散發濃郁草香？購買牧草時應確認以上幾點，才能挑選到優質的牧草喔。

POINT 4 無限量供應新鮮牧草

飼主應隨時隨地準備好牧草供兔子食用。有些飼主認為「給太多牧草的話，沒吃完很浪費……」，因而限制牧草的供給量。然而「牧草被吃完」所代表的意義其實是「供應的牧草不夠吃」，所以正確觀念應該是「無限量提供牧草，並丟棄沒吃完的牧草」。接下來將介紹如何讓愛兔願意吃大量牧草的小訣竅。

餵食牧草的訣竅

1 天供應 100g 以上

即使是體型嬌小的荷蘭侏儒兔，每天也應該提供 100g 以上的牧草量。葉梗、葉子、葉穗等不同部位必須平均分配於每次提供的份量裡。

將牧草放到容量足以容納整隻兔子的大盤子裡

將牧草放到大盤子裡，兔子就能邊挑選牧草邊進食。另外，牧草放置於越大的器皿時，所散發的香氣也會越強烈，能讓兔子食慾大開。

丟棄被閒置一整天的牧草

牧草被放置一整天後，味道會逐漸消散，品質也會變差。此時請立即丟棄兔子沒吃完的牧草，並且補充新牧草吧。

目標是讓愛兔攝取大量纖維質！

「禾本科乾燥提摩西一番割」費用便宜，易於存放，是作為兔用牧草的最佳選擇。不過如果兔子的牙齒不好，沒辦法吃一番割的話，也能選擇其他種類來供給纖維質。例如同屬禾本科且極具指標性的「燕麥草」或「生牧草」。

飼料

飼料能供給兔子必需的營養素。飼主常會根據兔子的喜好來選擇飼料，不過建議還是要仔細查看成分，自信地選擇對愛兔健康最好的飼料吧。

根據成分表選擇營養均衡的飼料

如同第 127 頁所述，飼主應仔細查看飼料成分表來正確判斷該選擇哪種飼料。不過，兔子偏好的飼料與值得推薦的飼料其實大相逕庭。舉例來說，A 飼料含有大量纖維質，蛋白質與脂肪含量較少，味道清淡，適口性低；B 飼料雖然適口性佳，熱量卻比較高。因此，最好的方法就是考量兔子的體型、年齡、活動量與口味喜好來篩選飼料吧。

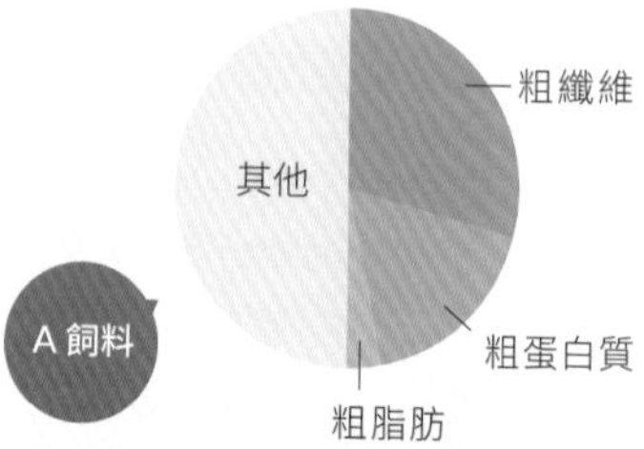

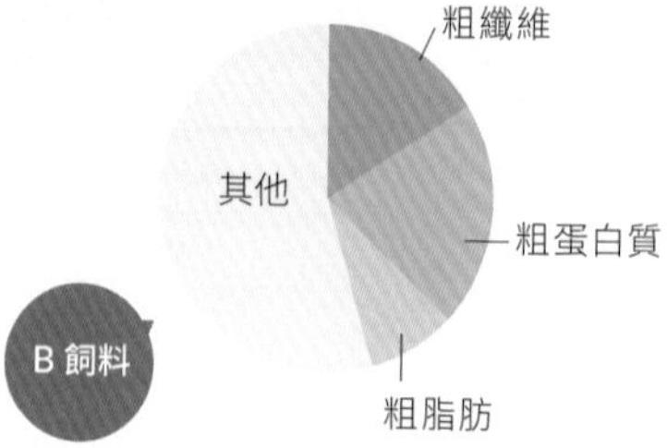

餵食飼料的訣竅

1 日 1～2次

早晚 2 次 or 傍晚 1 次

兔子是晨昏性動物，基本上應配合其習性分早晚兩次餵食牧草。不過，如果兔子不喜食牧草，在傍晚時一次給予一天份以拉長吃草時間，也不失為一個好方法。

適量給予

該給予的飼料份量與兔子的品種、體重和年齡等要素息息相關。飼主應經常秤量兔子的體重，並隨時檢視給予的量是否合適。

保持新鮮

飼料新鮮度下降，口感也會跟著變差。可購買小包裝，或是拆封後分成小份放進密封容器中存放以維持新鮮度。

許多飼主往往會擔心兔子只吃自己喜歡吃的食物。
但是，當愛兔健康狀況欠佳時，零食就派上用場了。
以下將介紹零食的正確使用方法。

將零食當成一種驚喜！

在照料與看護的過程中，為了想辦法讓兔子正常進食，事先摸清楚兔子喜歡吃的食物是一件很重要的事。然而，每天給零食會降低新鮮感，不如當作一種驚喜不定時給予，才能避免淪於每日例行公事。受到出乎意料的驚訝和喜悅的加成效果影響，兔子的開心值也會大幅提昇。這個方法也推薦給想要和愛兔拉近關係的飼主。

推薦的零食

蔬菜

多數蔬菜的營養價值高，卡路里低，非常值得推薦，例如明日葉、大葉、紅蘿蔔等等。但要注意應適量給予。

水果

甜食是兔子的最愛，牠們尤其喜愛草莓、蘋果和香蕉等等。不過因為卡路里很高，只能少量食用。

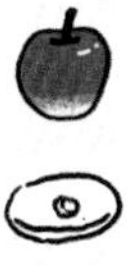

雜草

車前草、野葛、繁蔞、蒲公英等都是不錯的選擇。不過路邊的雜草容易受到污染且具有毒性，應格外小心。

市售零食

市面上販售的兔子專用零食非常安全，飼主可以放心給予。不過含糖量高的食物最好還是盡量避免。

不准再隨地尿尿！

啊！
兔子的話 078
如果出聲調教，
兔子的個性可能會
有所改變喔！

兔子可以被訓練成前往固定位置上廁所。不過每隻兔子的個性不同，很可能學不會的兔子到頭來依舊是學不會。

懂得定點上廁所的兔子較為膽小，警戒心高。由於排泄物裡充滿了兔子本身的各種情報，所以膽小的兔子當然不願任由糞便散落各處。至於喜歡隨地便溺的兔子，個性則顯得落落大方，不輕易膽怯。

對於兔子來說，能順暢排泄顯得相對重要。若想要訓練牠們完美地定點如廁，即使是性格開朗的兔子很有可能會變得緊張起來，無法安心睡覺。

我習慣隨地大小便～兔兔子為什麼總會在同一個地方上廁所呢？
你問為什麼……因為我不想將自己的排泄物置之不理。除非是可以讓我有安全感的地方，否則我無法放心地大小便喔。
丸太和兔兔子個性迥異呢。不過約翰也會定點上廁所……
這是從小養成的習慣。成長為成兔以後，想要改變如廁習慣就比較困難了。

訓練上廁所的訣竅

尿～

確認廁所的尺寸！

廁所尺寸太小或太大，都無法讓兔子平靜下來。其最佳尺寸是能剛好容納兔子體積的大小。

讓廁所殘留味道

讓廁所殘留排泄物的味道。相反的，如果兔子在廁所以外的場所便溺，就應該將味道完全擦除。

將廁所設置於牧草碗附近

大多兔子習慣邊進食邊如廁，將牧草碗放置在廁所旁的話，就能方便愛兔同時使用。

總是在沙發或是床上亂尿尿……

我常常會在沙發上尿尿。所以，我們家的沙發是防水的！

主人應該是覺得無法阻止你跳上沙發，所以乾脆放棄了吧。

野兔的習性是在鬆軟的土壤和草叢中排泄，因此比起硬邦邦的金屬網廁所地板，兔子當然寧願選擇在柔軟的床上排泄。「你可以上床，但是不能尿尿」這種邏輯對兔子而言是行不通的。

若真的想阻止，不妨在周圍圍一個圈，限制其活動範圍以防止兔子跳上床鋪或是沙發。不過如果飼主希望兔子能自由活動，那就只能接受愛兔會在床或沙發上隨意便溺的問題了。

兔子的話 079

可以跳上去，
但是不准尿尿，
這個道理對我們不管用！

身處新環境而變得無法上廁所！

理由將隨性別而異。如果是公兔，可能會為了留下自己的味道而四處噴灑尿液，做出宣示地盤主權的「噴尿行為」。若是母兔，在察覺到公兔氣味並尋找其行蹤時，有可能也會「不小心」噴灑出少許尿液。

不過如果兔子突然出現一直無法順利如廁的情況，就有可能是泌尿系統或生殖系統出問題，或是因生活環境產生劇變、壓力過大所導致。

當初剛搬家時，我也遇到無法上廁所的問題。因為環境突然改變，所以排泄變得不順暢……

我則是出現在初次發情的時候吧。當時情緒激動，一時無法克制自己，所以就……

為什麼要直接睡在便盆上……？

廁所的高度剛好，又比周圍地板高，很適合當成臥鋪啊～

我懂……而且在廁所上睡覺也不是什麼壞事啊，希望主人不要介意。

很多兔子喜歡靠著便盆入睡。另外也有部分兔子會爬到便盆直接睡在上面，可能是因為便盆底部是由鐵絲網片構成，會比躺在籠子踏板還要涼爽。

或許有些飼主會認為「睡在便盆上很髒！」，不過「排泄物＝髒」其實是人類的價值觀。兔子排放糞便後會舔自己的臀部，而且牠們原本就是天生的食糞動物，因此任由牠們隨意睡在哪兒都不會有問題的。

兔子的話 081
我們只是睡在
喜歡的場所而已，
有什麼問題嗎？

會在籠子裡到處亂尿尿

兔子的話 082
咦？這裡全部屬於廁所區域吧？
?

以「籠養」方式飼養時，愛兔自然而然會認為「籠子＝巢穴」、「室內＝地盤」。這種飼養方式原本是根據「平時棲息於巢穴，並在一天中的特定時間外出巡邏」這項習性而產生的。但是如果籠子一直維持敞開狀態，愛兔就會認為整個房間都屬於「巢穴與地盤」的範圍，而整個籠子可能就會被誤認為是廁所。

這個時候，飼主不妨果斷地換個容易清理排泄物的籠子吧？否則就只能重新審視整個飼養方法了。

這個解決方法……雖然我能明白理由，但是如果突然失去出籠的自由，兔子們應該會覺得很難受吧？

很困難吧～而且也會搞不清楚主人的容忍範圍……不是嗎？或許放棄也是一個好方法喔。

明明會在固定地方尿尿，但卻到處亂大便，為什麼？

約翰就是這樣呢。會定點在便盆小便，卻會在整個房間裡隨地大便喔～

沒辦法～這是兔子與生俱來的習性。

兔子會讓糞便四處散落，藉此標記「這是我的地盤！」。

其中公兔尤其喜歡透過糞便來宣示地盤主權，但這是兔子的習性，無法透過訓練改正。其實兔子糞便堅實渾圓，容易清理，飼主只需要每次多花點時間處理即可。

兔子的三個臭腺之一「鼠蹊腺」位於生殖器官附近（第59頁）。兔子的糞便中含有許多來自鼠蹊腺的分泌物，因此

兔子的話 083

這是一種天性，無法強迫改變！

兔子大便是評判健康與否的重要指標

仔細確認顏色和尺寸！

糞便的顏色、大小與數量會隨著進食的食物種類或消化器官的健康狀態而變化。只要仔細觀察糞便狀態，就能看出兔子的健康狀況。建議飼主養成日常的觀察習慣！

- 健康糞便：呈現綠褐色或咖啡色。形狀渾圓且質地堅硬，含有大量纖維。
- 有毛的糞便：如果兔子吞下大量被皮，糞便看起來就會很像被兔毛串連在一起。如果毛量不多則對健康無礙。
- 體積小或是不成形狀的糞便：代表消化器官出現問題，或是平日飲食纖維素攝取不足。

形狀看似葡萄的糞便被稱為盲腸便。健康的兔子通常不會排出盲腸便。

好希望能抱抱自家愛兔！

兔子的話 084
我願意讓你摸摸，
可是我討厭被抱！

兔子同伴之間不存在著「互相擁抱」的習性，甚至大部分兔子會認為擁抱近似於被肉食動物獵捕的感覺，因而本能地感到恐懼。

話雖如此，飼主在某些場合裡還是會面臨不得不抱住兔子的情況。由於讓兔子喜歡被擁抱是一件極其困難的事，建議不如教導其必要性，讓牠們學會忍耐吧。具體來說，就是由飼主明確規定「必須讓飼主抱出籠」、「乖乖被抱才能獲得零食」等規則。即使一開始不喜歡，只要多重複幾次，兔子便會慢慢習慣。

擁抱到底有什麼意義？我討厭擁抱！好可怕，我不喜歡被抱！
我滿喜歡抱抱的耶～因為可以緊緊黏在飼主身邊♡
我也不喜歡……不過乖乖被抱才能離開籠子，所以我只能忍耐了。而且我也明白即使被抱也不會發生討厭的事情。
很多兔子不喜歡被抱呢。只能耐心讓牠們習慣了。

抱兔子的重點

讓兔子和自己的身體緊密接觸

失去立足點時，兔子會想辦法伸腳亂踢逃離現場。因此抱起兔子時，建議讓兔子緊貼自己的身體，才能固定牠們的四肢。

初期應控制在短時間內結束

在兔子真正習慣之前，擁抱的時間不宜太長。對於討厭被抱的兔子而言，長時間被抱住會累積壓力。

不要表現出緊張感

對於兔子而言，擁抱是一種代表將生命託付於人的行為。如果飼主表現出緊張的情緒，就無法讓兔子安心。所以抱兔子前請先放鬆吧。

替兔子剪指甲會被討厭……？

丸太，你怎麼了？很少看到你生氣呢。

主人剛剛剪了我的指甲。雖然有跟我道歉，但是為什麼要做那種壞事呢！

替兔子剪指甲等行為屬於必要的照顧，飼主無須感到罪惡感，否則兔子也會隨之感到恐懼。不僅如此，飼主其實也無須頻頻道歉，或是給予零食來討好牠們，這時只須說聲「你好了不起啊～！」即可。道歉的話，反而會讓兔子認為「你是不是做了不好的事情？」，進而會對飼主失去信任感。

相反的，「就算你討厭我，但是為了你的健康，還是得這麼做！」這樣的態度才能幫助飼主積極建立起自信心，讓兔子更加信賴自己喔。

兔子的話 085
不要再道歉了！
不如堂堂正正地
剪指甲吧！？

兔子會在梳毛時跑走，因此無法順利進行……

跑

兔子的話 086

只要拿捏好力道，就能減少不適感！

兔子擁有與同伴「互相理毛」的習性，因此基本上應該不會抗拒「梳毛」這個行為才對。

換句話說，兔子討厭「梳毛」往往另有原因。最常見的理由便是沒有好好固定住兔子。飼主可以把毛巾鋪在膝蓋上以穩定雙腳，並嘗試用雙臂圈抱住兔子的身軀。不過被抱住的時間若是太長，容易給兔子帶來壓力，因此不要試圖在一天內梳完全身被毛，而是每天一點一點地為牠們梳理毛髮吧。

我只願意讓值得信賴的同伴幫我理毛，根本不想讓討厭的傢伙碰我。
你、你講得太直接了啦，兔兔子！不過「首先要建立起信任感」，這件事很重要喔～
固定兔子的方法、信任感……試著仔細想想兔子抗拒梳毛的理由吧！

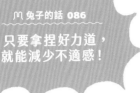

室內散步結束後不肯回籠子，還想繼續玩。

雖然我最喜歡主人了，可是對於我不能自由出籠這件事還是感到不滿……

沒錯。我們想在寬敞場所自由奔跑是很正常的事啊！

離開狹窄的籠子到外面四處奔跑，是兔子一天中最開心的時間。從兔子的角度來看，散步時間結束後不肯回籠也是極其正常的一件事。

話雖如此，若因此「稍微」延長出籠時間絕非好主意。因為兔子不會懂得節制，總是想要24小時都待在籠外，自由進出任何目光所及之處。此時，飼主不妨好好利用愛兔最喜歡的食物吧。當牠們在籠外玩耍時一律不給予零食，待回籠後再餵食，如此一來就能讓兔子明白只要乖乖回籠就能獲得獎勵。

兔子的話 087
請讓我們知道回籠裡也會有好事發生！

想帶兔子出門散步，但是牠似乎討厭綁繩……

…

兔子的話 088

不一定所有的兔子都適合出門散步……

很多飼主在社群媒體看見兔子在大自然中奔跑的照片後，便對帶著兔子戶外散步心生嚮往。然而每隻兔子的個性差異甚大，對於性格膽小、害怕外出且不喜歡被鏈繩束縛的兔子而言，戶外遛兔會對牠們造成很大的身心負擔。兔子最需要的就是「安全感」（第109頁），由於寵物兔不需要特地出門運動，除非自家愛兔喜歡外出，否則飼主最好不要強迫牠們。只要讓兔子在室內隨意奔跑，運動量便足夠囉。

我很喜歡戶外散步喔～因為可以盡情奔跑♪
我討厭那個會圈住身體的胸背帶……
我的個性較為神經質，所以不喜歡外出。我寧願待在安全的家中。

usagi

兔子座談會 3

symposium

Theme

兔子流言大剖析！

坊間充斥著各式各樣關於兔子的「流言」，
今日將由兔子們親自鑑定流言的真偽！

說到最具代表性的流言，應該就是「兔子太寂寞會死掉」吧？大家應該都有聽說過吧？

有聽說過（笑）。家裡有養兔子的人，應該就知道那不是真的……。即使讓兔子單獨待在家裡，或是家中僅飼養一隻兔子，兔子都不會死掉，所以主人們大可放心。

嗯……追根究底，為什麼會出現這種謠言呢～？兔子的地盤意識高，獨立性強，甚至有很多兔子其實不喜歡周圍有其他兔子存在呢？

現在兔子的正確飼養方法已經廣為人知，兔子的壽命也變得越來越長。不過以前可不是這種情況喔……？

沒錯、沒錯。以前甚至會有在特殊節日販售兔子的小販，很多人在不懂得飼養方式的情況下就將兔子帶回家飼養，兔子驟死的案例也不在少數呢。

原來如此～所以可能是因為以前兔子常常在原因不明的情況下死掉，人們才會覺得牠們「太寂寞所以死掉了」。

另外，在很久以前廣受歡迎的電視劇裡，曾出現過「兔子太寂寞就會死掉」這句台詞，誤會便由此產生了。

我想起了另一個惱人的流言——「兔子不喝水」。我覺得這實在是太離譜了！

不喝水的話，兔子可是會死掉喔～！

這顯然是一種誤解。原因是兔子被餵食了像高麗菜那樣含水量高的蔬菜後，所攝取的水分便會變得比較少。

兔子的主食是牧草、飼料和大量的水！絕對不能受到奇怪流言欺騙而不給予足夠的水分喔。

……話說回來，我曾聽說過「兔子以前會飛」的謠言，真是讓我嚇了一大跳呢！

在天上飛嗎!?為什麼會有這麼毫無根據的謠言～？我們兔子是哺乳類動物，根本不會飛！

我想是因為在日文中數兔子時，使用的量詞和鳥一樣是用「羽」而不是「匹」。

這麼說來，為什麼數兔子的量詞是用「羽」呢？

理由眾說紛紜。儘管說起來有點牽強，不過據說以前有位和尚為了迴避「禁食獸肉」的戒律，所以故意牽強附會地指稱能用雙腳站立的兔子是鳥類。另有一說是又大又長的兔耳看起來很像鳥類翅膀。

只因為那種不合邏輯的理論就用「羽」來當作兔子的量詞……

許多關於兔子的謠言可信度極低呢～看到這裡的飼主們，如果有人信以為真，請趕緊修正作法與觀念吧！

地球的另一端
挖挖、挖挖！
挖挖、挖挖！
HOLA!
URUGUAY

提摩西時尚流行
偷偷摸摸

PART. 4

請不要批評兔子的舉動是「問題行為」！

兔兔子最近常常亂咬人……
你闖禍啦。
希望約翰不要再亂噴尿了。
你在宣示主權？
丸太一直亂咬籠子……為什麼要做對牙齒不好的事情呢？
一咬籠子就會放你出來嗎？
嗯。

真是的，我家兔子問題一堆，真是傷腦筋……
別這麼說。
咦！？
問題？什麼意思？
好過分～

有時可能不是問題行為，而是本能行動

兔子的話 089

那真的不是兔子該做的事嗎？

在與兔子共同生活的過程中，兔子的「問題行為」常常讓許多飼主感到深受其擾。所謂的「問題行為」指的是不定點上廁所（第138頁）、亂咬東西（第81頁）等等，諸如此類的問題皆因兔子的性格和習性不同而致，為此感到頭痛不已的飼主不在少數。然而相反的，有些飼主也會試圖強迫兔子做一些背離本性的事。

當然，兔子和人類是不同的生物。為了一起生活，勢必要明定「這樣是不允許的」、「這樣是可以的」等規則，但過於抹殺兔子的本性或剝奪其樂趣也不是一個好方法。

的確，主人們越了解兔子的聰明之處，對我們的要求也會跟著變嚴格～
有些情況其實「不應該強迫兔子，而是主人該處理的事情！」～
我雖然很喜歡主人，但是一直被禁止「那個不行」、「這個不行」，我應該會感到很困擾……

如何面對「問題行為」

飼主應努力提昇包容性

為了與愛兔和平共處，飼主不妨試著提昇自己的包容性。否則處處受到限制的生活，會對兔子造成莫大的壓力。

站在兔子的立場探究原因

試著站在兔子的立場思考牠們採取這種行動的原因吧。例如「亂咬人」、「啃咬東西」等行動，其背後往往隱藏著某種理由。想要改善兔子的問題行為，「消滅問題源頭」往往比「試圖阻止」更有效。

絕不大聲責罵或出手管教

兔子會永遠記住「害怕」的感覺。如果大吼大叫或責打牠們，將導致寵物與飼主之間的信賴關係出現裂痕。

只要遇到討厭的事情就想咬人！我覺得好痛、好可怕，不敢靠近牠……

兔子如果遇到討厭或害怕的事，便會下意識地用力咬人。然後，如果讓牠明白「只要咬人就能讓主人停止做讓自己不愉快的事情」，兔子便會將咬人作為滿足自己需求的手段。

兔子的話 090

輸人不輸陣！
儘管放馬過來吧！

兔子的牙齒銳利，被咬到的話會十分疼痛，許多飼主因此感到懼怕，但是如此一來便正中了兔子的下懷。此時飼主應該忍住疼痛，擺出強硬姿勢與兔子對峙。

為了達成自己的目的，兔子可是抱著必死的決心反抗主人。因此，如果想糾正兔子咬人的壞習慣，飼主也應該強勢地予以對抗！

我都說不要了，還硬是要抱我，所以我忍不住就咬下去了！
怎麼這樣……兔兔子，你好過分喔！你的主人好可憐啊……我頂多只會用舔的，或是抓膝蓋的方式表達抗議……
這麼說來，約翰以前也曾經咬過主人，後來還受傷了呢。
我們的主人即使被咬到流血也絕不退縮，還會反咬回來（汗）。所以我絕對不敢再咬主人了……

解決兔子咬人問題的應對訣竅

專注於兔子而非傷口

如果真的想阻止這種行為，請在被咬的那一瞬間立即採取行動。將注意力放在兔子身上而非傷口，強勢阻止兔子的行為後，別忘了還要告訴兔子：「我不會退讓，這招對我沒用喔！」

找出咬人的原因

如果愛兔的個性膽小，咬人是為了保護自己，那麼飼主就必須重新審視彼此的信賴關係。然而，如果愛兔是為了攻擊而咬人，代表兔子想挑戰主人的領袖地位，此時請表現出強勢態度使其順從吧。

尋求專家協助

在發情期分泌的賀爾蒙激素容易導致兔子過度興奮和咬人。在那種情況下，可以透過避孕、結紮等方法來改善問題。如果愛兔用力咬人的問題遲遲未獲得改善，不妨考慮諮詢獸醫等專家的意見吧。

兔子的撒嬌啃咬意外地痛，讓人覺得好困擾……

如果兔子真心想咬人，手指將感受到像是被咬出大洞一般的劇烈疼痛；如果只是「有點痛」的程度，那便是兔子在向飼主撒嬌。除了表示「陪我玩」、「討零食」之類的要求外，還有愛情表現、玩耍等意思存在。至於緊貼著飼主腳邊咬人，則是發情期的徵兆之一。

當家中愛兔只針對特定某人做出撒嬌咬人行為時，表示牠將對方視為「不會反抗的人」。如果一直忍讓，愛兔可能會得寸進尺。因此請堅定自己的立場，表現出果斷的一面，例如「即使撒嬌也不會屈服」、「如果被咬了，我會馬上離開或是將你關回籠子裡」。

兔子的話 091

撒嬌時不能咬人？討厭的話，請明確表態！

舔舔的時候，我常會忍不住咬人～不過主人也沒說不行，所以沒關係吧？
……就是這樣，兔子本身並不認為這是一件壞事喔。

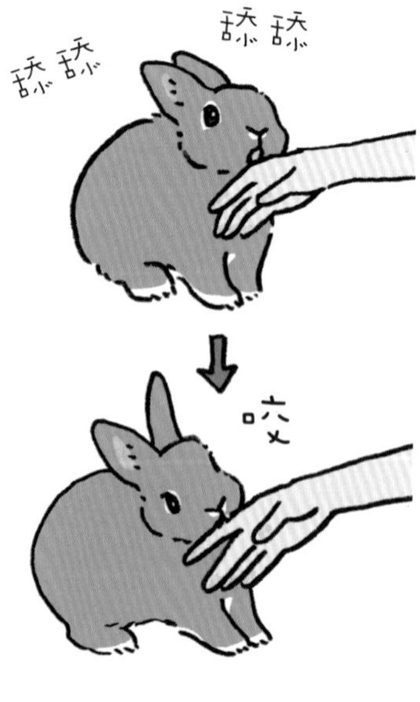
舔舔
舔舔
咬

對飼主做出騎乘行為

扭腰
擺臀
兔子的話 092
主人允許我騎乘，
代表我的地位
比他高吧？

騎乘是極具代表性的生殖行為之一。有些人會誤以為兔子對自己做出騎乘行為代表「牠很喜歡我♡」。當然，有些兔子反覆做出騎乘行為的理由確實是出於濃烈愛意。

不過騎乘行為也是用來展現及強調自己優勢地位的方法之一，因此兔子也會對比自己「低等」的對象做出這個行為。一旦默許騎乘行為的發生，兔子的脾氣可能會變得粗暴。所以發生騎乘行為時，最好立即離開，並且提供玩偶讓牠們轉移目標，以避免養成習慣。

我純粹只是因為喜歡主人，所以才會做出騎乘行為……

不過，如果騎乘行為反覆發生，似乎會讓我覺得自己「高人一等」。

順帶一提，母兔也會做出騎乘行為來強調優勢地位喔。

希望兔子不要再朝我噴尿……

我在結紮前，也常常對毛茸茸噴尿吶～

你以為只有公兔會噴尿嗎？其實母兔也會這麼做喔。不過情況有點不大相同就是了。

公兔會藉由「噴尿」行為來標記自己喜歡的異性。朝主人身上噴尿也是同樣道理，都是為了傳達「喜歡！你是我的！」這個意思。由於這是一種愛情表現，因此飼主也只能接受了。

另外，當兔子專注地進行某件事情（例如嗅探味道），此時若出手碰觸，牠可能也會下意識地朝飼主噴尿。在這情況下，請務必謹慎行動，避免驚嚇到兔子。

兔子的話 093
這是愛情表示，
請乖乖接受吧。

或許是因為我太晚回家在生悶氣，兔子的反應似乎變得有點遲鈍

兔子的話 094
我不寂寞，
但是請為晚回家
一事道歉！
我回來了。

有些兔子若獨自被留在家中過長的時間，食慾會下降或拒絕出籠散步。此時，飼主應該會認為「牠一定是太寂寞了！」，不過其實兔子並不是會因獨處而感到寂寞的動物。牠們只是覺得飼主晚歸這件事「不同以往」，因此感到不安而已。

兔子的生理時鐘十分準確。吃飯或室內散步等時程都安排得井然有序，只要有些微的延遲就會為兔子帶來壓力。如果飼主每天花費一至兩個小時的時間來仔細照顧，兔子的壓力就能立即減輕。

的確，我不會覺得「寂寞」，但是吃飯時間不一樣，會讓我感覺到很不安呢～
希望主人晚歸時可以好好地跟我們道歉啊！
我如果等太久，會感到孤獨且悶悶不樂呢……

為了避免牙齒受傷，希望牠不要再咬籠子……

兔子的話 095

咬籠子的話，
主人就會答應我的請求喔？
我不介意對牙齒不好。

兔子會透過咬籠子來吸引飼主的注意，尤其是想要傳達「把我從籠子裡放出來！」的要求時更會這麼做，而且在籠子裡放置咬木也無法改善此問題。

兔子咬籠子會引發牙齒錯位，亦即「咬合不正」的問題。有些飼育書籍會建議飼主利用「低聲責罵」或「無視要求」等方法來盡早阻止，但是如果沒有讓兔子從根本上認知到那是壞事，情況就不會好轉。所以建議飼主一定要讓愛兔清楚地認知到「即使咬籠子也不會滿足你的要求」這個道理。

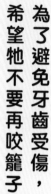

主人總是非常努力地裝作「視而不見」，但只要繼續咬籠子，最後還是會放我出籠～！
因為主人會覺得「這樣對牙齒不好，沒辦法了！」，要讓主人答應請求其實很簡單呢♪
這招對我的主人沒用……以前曾經抗爭過，但是已經放棄了。
不過只要乖乖聽話，主人就會放我們出來。兔兔子＆丸太的主人，要堅定心智啊！

糾正咬籠惡習的重點

一咬籠即採取制止動作！

兔子一咬籠子的瞬間，立刻用手指輕彈兔鼻並低聲喝斥以逼迫兔子離開籠子。如果兔子再次咬籠，便重複彈鼻直到兔子停止動作為止。

待緊張情勢解除後再誇獎

兔子不喜歡緊張的氛圍，所以多半會先離開現場。待緊張情勢解除時，兔子便會再次回來。屆時如果沒有再咬籠子，我們再予以稱讚吧。

眼睛緊盯兔子以製造緊張氛圍

兔子停止咬籠行為時，也無須誇獎牠們！除非兔子主動轉身離開，否則飼主應緊盯著兔子，維持緊張的氛圍。

盯……

兔子把籠子裡弄得亂成一團，是不是覺得不開心呢……!?

咦？不開心？什麼意思？我不懂主人在煩惱什麼。（汗）

啊～飼主和兔子的想法完全不一樣呢～

在籠裡亂灑牧草、撕咬鋪墊等等，當飼主看到好不容易整理好的籠子被弄得亂七八糟時，一定會想「牠是不是不開心所以才把籠子弄髒!?」。不過兔子這麼做的理由其實只是為了「佈置房間」。

兔子和人類的審美觀不同。如果兔子是在重新佈置自己的住處，飼主便應該坦然接受。如果飼主執意「所有東西必須物歸原位」，會讓兔子覺得「不要亂動我的東西！」因而大動肝火喔。

兔子的話 096

我在重新佈置自己的房間，你有什麼意見？

兔子的直覺太敏銳，想悄悄地帶牠去醫院卻總是會被牠識破……

兔子的話 097
不要小看兔子的直覺！
出門……
跳！

兔子的直覺敏銳，可以輕易察覺日常生活中不同以往的細小變化。每當飼主想要哄騙牠們時，牠們便能感受到異於平時的壓力並且馬上躲起來。

追根究底，兔子不會理解「去醫院是為了健康好」這個道理，飼主只能將其強行帶至醫院。不要指望兔子會自願走進籠子裡，直接將兔子關進外出籠是最快的方法。希望愛兔身體健康可說是飼主的心願，但兔子不會在乎自己的健康狀況。所以即使兔子不願意，必要時還是得儘快就醫。

我討厭去看醫生，不過說「要去看醫生囉，加油！」這個說法可能會比「出門囉～」這種謊言還要好100倍。

哄騙的方法對我不管用，反而會增加對主人的不信任感呢～

來我家住了幾個月後，突然不願意讓我抱了

應該說……仔細想想，我為什麼要乖乖地被你抱啊？

哎呀，主人們，請當成一椿好事，為愛兔的成長而欣喜吧。

將兔子從寵物店接回家時，一開始願意讓飼主抱，後來卻突然拒絕。這個理由是因為兔子已經成長並發展出自我性格的緣故。

對兔子而言，一個月相當於人類的兩年。在寵物店的兔子之所以願意乖乖被抱，是因為仍處於懵懵懂懂的階段，沒有自我主見的緣故。但是三個月後，兔子就會迎來青春期，身心也會快速成長。與此同時，叛逆的現象也會隨之增加，所以有些飼主才會覺得自家愛兔的性格大變。

兔子的話 098

我不可能一直任人擺佈吧！請為我的成長高興吧！

討厭！

兔子的心理成長

兔子約三個月～一歲時會進入青春期

出生三個月，兔子將迎來青春期。此時牠們對周遭的事物充滿好奇心，活力滿滿地四處奔跑，所以飼主應該準備好一個安全的環境以供牠們自由活動。當兔子的自我意識萌芽並達到性成熟時，性格會變得比以前更加暴躁叛逆，許多飼主為此感到不解。此時請盡量消除一切危險，不要對兔子的日常生活施加太多限制，讓牠們得以學習各式各樣的新事物。滿一歲後，青春期的尖銳性格會逐漸變得圓滑，年輕氣盛且自信滿滿，甚至會試圖成為家中的領導者。

人類在一歲和十六歲時的行為也會有所不同吧？就算是兔子，也該依照年齡階段而給予不同的對待。

明明不是青春期，兔子的性格卻驟然大變

嗯～好焦躁啊～今天不想理睬主人和約翰！
咦!?平常個性溫厚的毛茸茸難得鬧脾氣……發生什麼事了？

在青春期以外的時間，平常性情溫馴的兔子有時也會突然變得十分暴躁。這種情況主要發生在母兔身上。母兔發情時不僅會產生想築巢的衝動，保護幼兔的欲望也會越發強烈，變得較為神經質且具攻擊性。飼主只須認知到愛兔「進入那種時期」，並默默守護牠即可。

不過，母兔的發情期並不是週期性地發生，而是由1～2天的休息期搭配4～17天可以與公兔交配的容許期組合而成的。

噗—

兔子的話 099

為了保護我的小孩，我會變得很暴躁。請不要管我！

兔子的避孕、結紮

手術有隱藏風險，請謹慎評估

為了預防生殖系統疾病，並減少由性慾引起的問題行為（對飼主而言），許多飼主會讓家中愛兔接受避孕、結紮手術。公兔的結紮手術是把雄性陰囊切開，將睪丸摘除，術後幾乎可以在手術當天回家。母兔則是要進行開腔手術，根據年齡等因素切除卵巢，或是將所有卵巢和子宮全數摘除。在大多數情況下，通常會需要住院二至三天。避孕、結紮手術需在兔子滿六個月大，發育成熟才能進行。不過手術本身也有其風險，建議可事先諮詢獸醫。

在為了解決問題行為而動手術的情況下，若問題行為已經成為一種習慣，則該行為可能會在手術結束後依然存在。

我似乎被兔子瞧不起了……

家中的領導者是我喔。所有的規則由我來定，我會好好保護主人～！

我家的領導者是主人喔。很久以前約翰曾試著挑戰權威，但最後都以失敗收場。

野兔是群居動物，每隻兔子在群體中的階級地位皆不相同，並全數聽命於一位首領。對於與人類共同生活的野兔而言，首領便是飼主。所以飼主必須制定規則，向愛兔展示領導能力。

然而如果過度溺愛愛兔，縱容牠們「不管做什麼都可以」，很容易會讓兔子誤以為「我是首領！」，進而看輕飼主做出問題行為。

兔子的話 100

如果無法帶領群體，那就換我當首領！

兔子的群居結構

每隻兔子都想成為首領，但是……

決定群體中權力關係高低的因素包含：①力量、②體型、③群體協調能力、④勇氣、⑤攻擊力、⑥ SQ（社交智商）等等。透過階級排名，可以減少群體內部不必要的紛爭，共同度過安穩生活。地位高的兔子能優先選擇安全的場所繁殖，留下基因優秀的後代。

正因為如此，公兔都想成為群體中的首領。不過，首領所承受的精神壓力十分龐大，所以位居首領的兔子往往較短命，甚至併發胃穿孔等疾病……。為了讓愛兔能安心地在家中生活，請飼主成為值得信賴的首領吧！

希望每位飼主都能成為自家愛兔所冀望的首領，避免挑戰權威的問題發生！

Theme

何謂值得信任的領導者？

若能深知成為野生動物首領的必要條件，說不定就能成為理想中的領導者！？接下來將為您介紹可信賴的領導者形象。

usagi

兔子座談會 4

symposium

說到這個，只有公兔才能成為首領吧？母兔之間似乎沒有階級排名……？

的確，只有公兔才有資格成為群體的領導者——首領。不過母兔之間也是有階級排名的，地位高的母兔有權在安全之處築巢喔。

動物群體又被稱為「生物群」，大致分公兔部門和母兔部門兩部分，而且各自擁有相對應的等級制度。排名則是照第175頁介紹的標準所定。

階級排名和首領經常會變動。低等級兔子會時時觀察情況，一有機會就會取代高等級兔子的地位。

呵呵，好懷念啊。約翰以前常常觀察主人，想要奪取首領地位。不過到頭來還是無法贏過可靠小姐。

這樣啊～順帶一問，大家都會「觀察」哪些小地方呢？我是我們家的首領，所以想知道詳情，提防首領地位被寵愛小姐奪走。

造成首領地位被奪走的原因有很多種喔。舉例來說，受到衰老或疾病等因素影響導致力量減弱、無法協調群體內部問題、態度過於寬容等等。總而言之，就是統領能力下降的時機。由這種首領所率領的動物群體，其防禦力也會隨之衰弱，很快就會被消滅。所以階級低的動物們會紛紛想要取而代之。

昨天OK！
今天不行！！
那樣不行啦～
啊……？

話說回來，「態度寬容」是什麼意思？應該和溺愛我們是不一樣的意思吧？

舉例來說，如果有兔子破壞規則也不聞不問。昨天說不行，今天卻可以……搖擺不定的態度會讓兔子們覺得「難以信任」。

啊～初心者先生常常那麼做喔。如果主人展現那種態度，確實會令我感到失望呢。

關於這點，可靠小姐態度就堅定多了。好事就是好事，壞事就是壞事，區分得很清楚。因為規則明確，所以我們也能安心地跟隨她。

話說回來，我聽說同時飼養多隻兔子的飼主，經常試圖提昇先被飼養的兔子的地位，往往都是白費功夫。

飼養多隻兔子是很常見的事。兔子與同伴之間自有一套明確的階級地位標準，順位高低也不是飼主所能決定的。兔子對自己的能力心知肚明，所以交由兔子們處理會比較好喔。

嗯嗯！擁有保護群體的力量，毫不動搖地領導大家，這樣才能算是好首領。以後我也要朝著成為可靠領導者的目標努力邁進！

打屁屁
喂~
啃咬 啃咬
抓抓抓抓！
破一個洞了。
哼！
打屁屁
懲罰~
討厭—
不可以隨便咬……
飛踢

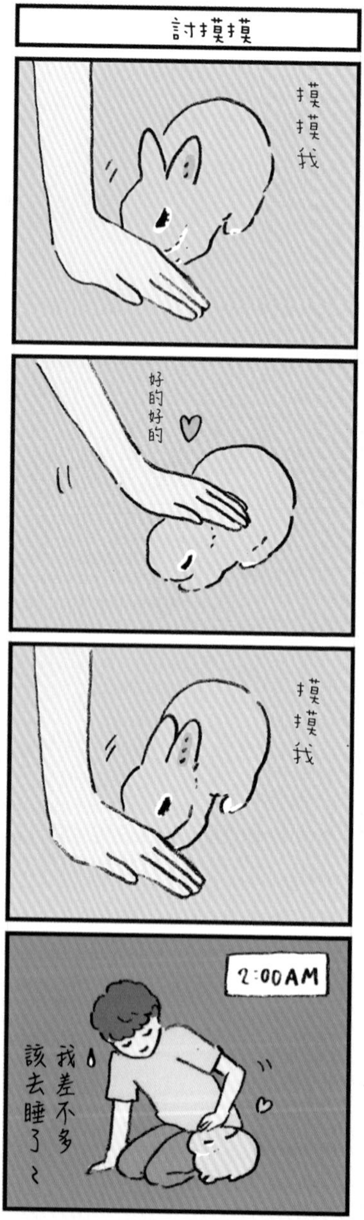
討摸摸
摸摸我
好的好的
摸摸我
2:00AM
我差不多該去睡了~

PART. 5

希望兔子可以「活得長久」

讓兔子活得長長久久！飼主可以做些什麼？

若撤除生活習慣病（舊稱「文明病」）和先天性疾病等因素，飼主可以透過適當飲食、營造健康的居住環境、健康管理等方法，讓愛兔活得更長壽一些。但是請謹記一點「延年益壽並不是兔子本身的心願」。

追根究底，「因為對健康有害而改善飲食習慣」是人類的思考邏輯，兔子不會思考未來幾年的健康狀況。牠們只懂得安於「現狀」，因此比起有益健康的牧草，牠們更期待用美味零食填滿肚子；如果想要自由行動，牠們就會啃咬籠子而不去在意牙齒是否會損壞。

總而言之，針對兔子未來的健康狀況，兔子和飼主的期望並不一致。飼主不要總想著「我是為你著想才這麼說……」，而是應該把心態調整為「『我』希望你能長壽！」比較好。

每天聰明吃，健康跟著來

如果想讓愛兔延年益壽，對其飲食加以管理是必不可缺的。透過了解飲食習慣並提供適當飲食，能為兔子的身體帶來許多好處，例如①維持腸道等消化道正常運作，②維持健康體重、體型，③讓牙齒、骨骼、內臟等各種器官保持健康……等等。關於健康的飲食生活，請參閱第132頁。

為了維持兔子的健康，確認食物攝取量是很重要的一件事。每天請勤於檢查愛兔是否有正常攝取牧草和飼料、飲水量是否充足、進食後嘴角是否有髒汙等等。如果發現異常，代表兔子體內潛藏著牙齒咬合異常、消化器官疾病等病因。兔子一天不吃東西，便是攸關性命的危險問題。應盡快尋求獸醫協助。

POINT 1

保持適當距離

飼主常誤以為兔子按照自己的喜好佈置籠子時是在「弄亂籠子」，或者認為食糞行為「十分骯髒」等。像這樣將兔子的行動放入人類既有框架中，告訴牠「這個不行、那個也不行」並限制其行為，兔子便會感到不滿。

兔子其實也有自己想做的事情。飼主不妨在某種程度上放任兔子自由行動，並在一旁「默默守護」牠們吧。

再者，飼主不要過度親近兔子也是一件很重要的事。兔子本來就不是全天候與同伴共同行動的生物，即使身處群體中也喜歡單獨行動。建議飼主平時保持適度溝通，採取被動姿態靜靜守護一切即可。如此一來，也能幫助兔子在遇到緊急狀態時集中注意力。

POINT 2 飼主應展現落落大方的態度

為了讓兔子可以安心度日，飼主應時時刻刻做好萬全準備。重點是向兔子傳達「有我在，別擔心！」這項訊息，成為值得信賴的存在。如果飼主的行為不可靠或是放任兔子擔任領導者，兔子會開始試圖保護家庭（群體），因而倍感壓力。

再者，兔子是非常敏感的動物。如果飼主表現得過於神經質，或者因過於關心兔子而隨時隨地關注牠的一舉一動，兔子很容易會感到筋疲力盡。

POINT 3 給予良性壓力也是一大重點

適當給予良性壓力，將成為很好的刺激。最具代表性的例子就是「其他兔子的氣味」。

當愛兔身體不適或者年事已高，對所有事物失去興趣時，飼主可以試著讓牠們聞聞其他兔子的氣味。由於兔子擁有極強的領地意識，所以聞到其他同伴的氣味後，便會快速收集各種情報並慌張地做地盤標記。這個方法有望帶來卓越的效果，例如促進腸胃蠕動、提昇積極性等等。

打造宜居環境

儘管群體間還是存在著個體差異，不過一旦兔子成長到六至七歲，便應該重新審視飼育環境。尤其要特別留意兔子的居住環境中是否存在具有危險性的高低差。

兔子的身體構造本來就不適合爬上爬下。兔子的腳掌沒有作為緩衝的肉球，而且後肢比前肢短，所以著地時的所有衝擊力都會落在前腳。這也導致因為衝擊力過大所造成的脫臼、指甲斷裂、門牙傷及下顎等事故層出不窮。

兔子年輕時肌肉發達，平衡感絕佳，但隨著年齡的增長，身體機能漸漸下降，受傷的風險也會隨之增加。每當兔子想四處看看時，便會不顧後果地想要爬上高處。為了確保兔子的安全，飼主應徹底準備好可供兔子安全生活的環境。

確保籠子安全性的要點

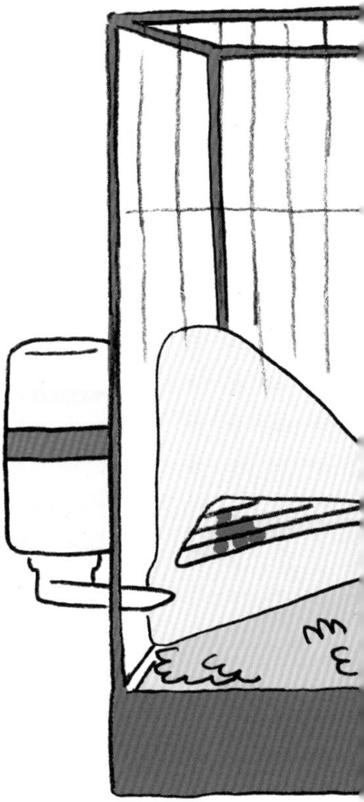

POINT 1 消除高低差

前文已經提過，飼主應盡量保持房間地板和籠子底部「高低一致」。若籠內放置有斜坡，為了安全起見，須趁兔子的腰、腿變弱前撤走。

POINT 2 確保一定程度的寬敞空間

確保籠內擁有可供兔子平躺的空間。待在狹小的籠子裡，除了容易累積壓力之外，稍微移動就有撞傷身體的危險性存在。

POINT 3 鋪設不會對腳底造成負擔的地墊

兔子的腳底沒有肉球，所以腳底會直接承受到來自地面的衝擊。在籠子裡鋪上柔軟的板材或地墊來保護兔子的腳底吧。

樂觀面對老兔的看護問題

兔子的衰老速度存在著個體差異。有些兔子超過十歲也依舊活得健康，有的則在六歲左右就需要飼主的看護。

兔子需要看護的時機點，主要可分成兩大類：一種是當兔子無法再吃固態形狀的牧草或飼料；另一種則是當兔子因白內障而喪失視力，腿、腰變得無力而無法再梳理自己的時候。

有些飼主不願承認愛兔的老化，即使愛兔已經需要看護，還是會一味認為「我家的孩子還很健康呢！」。然而強行要求需要看護的兔子「正常食用牧草和飼料」其實是一件相當殘酷的事。因此在規劃看護計畫的過程中，請將重點擺在「該如何做才能讓愛兔快樂地度過餘生」。

與其悲觀地思考「怎麼只吃這個」，不如放寬心地想：「好厲害！牠願意吃這個耶！」如此一來，飼主和兔子才能安穩地繼續生活下去。

看護的重點

POINT 1 將食物處理得容易入口

受到老化影響，兔子會漸漸失去咀嚼和吞嚥能力，無法再吃原始型態的牧草或飼料。此時飼主應對食物進行加工，幫助愛兔輕鬆獲取所需養分。

牧草部分可以更換成相對柔軟的二番割或三番割，也可以考慮將牧草切碎後再給予。另外，除了牧草以外，餵食葛葉或車前草等野草也是不錯的選擇。

關於飼料部分則無須拘泥於原本的型態，可試著磨碎或用熱水泡軟（待溫度降至人類體溫時再餵食）。也可以考慮加入一些磨碎的蔬菜、水果或野草，增加適口性。

POINT 2 協助從旁打理生活

受到老化影響，關節和肌肉開始退化，兔子會變得漸漸無法自理自己的生活。此時，飼主應即時跟進，仔細地檢查愛兔全身被毛、耳內、嘴巴周圍是否有清潔乾淨。

其中最重要的便是臀部的清理。如果嘴部無法觸及臀部，兔子便無法自行清理盲腸便，臀部自然容易變髒。若放任不管便會引起皮膚病，因此請務必經常協助清洗以保持清潔。

現身～
啊，神明大人。

和主人溝通過後，感想如何呢？

嗯……
心中
舒坦多了！

我開始明白主人在日常生活中，其實處處都在為我著想。

主人希望我們不要做有礙健康的事情呢～
還有希望我們可以活得久一點～
希望我們可以永遠在一起之類的！

以後我多吃一點牧草好了。
沒錯。

交給我吧！
我認為初心者先生
已經真正了解
「兔子」是怎樣的
一種生物！
儘管不大可靠，
不過偶爾對他撒撒嬌
也不錯♪
可喜可賀！
Fin

YLB125

兔子的真心話

從情緒判讀、舉止反應、飼養照護到習慣養成，收錄兔子想對你說的 126 則養兔必備專門情報，與愛兔幸福共度每一天

うさぎのほんね

作者／圖・森山標子
監修・中山ますみ
譯者／郭家惠
主編／鄭悅君
設計／小美事設計侍物

發 行 人／王榮文
出版發行／遠流出版事業股份有限公司
地　　址：臺北市中山區中山北路一段 11 號 13 樓
客服電話：02-2571-0297
傳　　真：02-2571-0197
郵　　撥：0189456-1
著作權顧問／蕭雄淋律師

初版一刷／2024 年 5 月 1 日
定　　價／新台幣 420 元（如有缺頁或破損，請寄回更換）

ISBN ／ 978-626-361-502-1
遠流博識網　www.ylib.com
遠流粉絲團　www.facebook.com/ylibfans
客 服 信 箱　ylib@ylib.com

國家圖書館出版品預行編目 (CIP) 資料

兔子的真心話：從情緒判讀、舉止反應、飼養照護到習慣養成，收錄兔子想對你說的 126 則養兔必備專門情報，與愛兔幸福共度每一天 / 中山ますみ監修；森山標子繪；郭家惠譯．-- 初版．-- 臺北市：遠流出版事業股份有限公司，2024.05　196　面；14.8 × 21　公分　譯自：うさぎのほんね　ISBN 978-626-361-502-1(平裝)
1.CST: 兔 2.CST: 寵物飼養

437.374

113001006

Original Japanese edition published by Tokyoshoten Co., Ltd.
This Complex Chinese edition is published by arrangement with Tokyoshoten Co., Ltd., Tokyo in care of Tuttle-Mori Agency, Inc., Tokyo, through AMANN CO., LTD., Taipei.

＼答謝廣大讀者的熱情支持／

日本人氣兔子插畫家 森山標子
獨家親繪兔兔似顏繪要送給你

活動辦法：

凡購買本書的讀者，請於 2024 年 6 月 30 日（含）前，
上網登錄購買證明以及基本資訊，即獲抽獎資格。
※ 每一購買證明僅限登錄一次

獎品：

森山標子為您繪製世上唯一的似顏繪

- **兔兔似顏繪**
  為您家中的愛兔繪製似顏繪
- **人物似顏繪**
  為您本人繪製兔兔似顏繪

名額：

4 名

公布：

2024 年 7 月 5 日抽出幸運得主

注意事項：

1. 紙本書及電子書購書者，凡上網登錄即具抽獎資格。
2. 中獎得主請協助於 7 月 12 日（含）前提供照片（電子檔）以及郵寄地址，逾期將失去中獎資格。
3. 完成的似顏繪作品將於 8 月底前空運抵台。
4. 相關公告請見 FB 遠流粉絲團，同時透過電話和 E-mail 通知中獎者。
5. 如有任何爭議，本公司保留最終決定權。

▼ 掃我登錄